KB124147

마스크 파노라마

마스크 파노라마

흑사병에서 코로나19까지, 마스크의 과학과 정치

제1판 제1쇄 2022년 9월 23일

엮은이	현재환 홍성욱
펴낸이	이광호
주간	이근혜
편집	최대연 김현주
펴낸곳	㈜**문학과지성사**
등록번호	제1993-000098호
주소	04034 서울 마포구 잔다리로7길 18 (서교동 377-20)
전화	02) 338-7224
팩스	02) 323-4180(편집) 02) 338-7221(영업)
전자우편	moonji@moonji.com
홈페이지	www.moonji.com

© 금현아, 김희원, 마리온 마리아 루이징어, 미즈시마 노조미, 브라이언 돌런,
새로나 펄, 세라 베스 키오, 스미다 도모히사, 스콧 놀스, 야마사키 아사코, 장멍,
장하원, 최형섭, 트리더베시 데이, 현재환, 홍성욱, 2022, Printed in Seoul, Korea.
ISBN 978-89-320-4049-3 93400

마스크
파노라마

흑사병에서 코로나 19까지,
마스크의 과학과 정치

현재환, 홍성욱 엮음

문학과
지성사

마스크의 종류

수술용 마스크

활성탄 마스크

천 마스크

가스 마스크

스펀지 마스크

필터 장착 스펀지 마스크

N95 마스크

방진 마스크

FFP1 마스크

서론:
마스크, 친숙한 사물의 낯선 이면

현재환

KF94 마스크를 쓰고 맞이하는 세번째 여름이다. 필자처럼 KF94 마스크를 쓰든, 아니면 숨쉬기에 조금 더 편한 KF-AD 마스크나 부직포 마스크를 쓰든 간에 현시점의 한국에서 마스크는 일상의 사물이 되었다. 2022년 5월 초 실외 마스크 착용 의무가 해제되고 무더운 날씨가 찾아와도 여전히 많은 사람들이 외부에서 마스크를 쓰고 다니는 모습을 보면, 코로나19 사태의 추이와 무관하게 마스크가 일상의 풍경에서 완전히 사라지는 일은 요원한 듯하다.

　다른 한편으로 마스크가 친숙한 사물이 되는 과정이 그리 녹록지 않았다는 점은 종종 잊히는 것처럼 보인다. 회고해보건대 2000년대 이후로 필자가 마스크를 계속 쓸 계기는 여러 차례 있었다. 예를 들어 2015년 6월 메르스Middle East Respiratory

Syndrome, MERS 사태 당시에 논산 육군훈련소에 입소하면서 국방무늬 면 마스크를 별다른 세척도 없이 4주 훈련 기간 내내 착용해야 했다. 이듬해 겨울에는 학회 참석을 이유로 중국 베이징에 방문하게 되면서 스모그를 걱정하는 가운데 미세먼지주의보가 울릴 때마다 "황사 마스크" 착용에 열심이었던 동료가 검은색 밸브형 황사 마스크 두 장(아마 KF80이었던 것 같다)을 주어 베이징에 체류하던 일주일 내내 쓰고 다녔다.

　이런 경험들 이후로도 마스크가 나의 일상의 일부가 되는 데에는 4년여의 시간이 더 필요했다. 2020년 초 코로나19 사태가 일어났을 때 필자는 독일의 한 연구소에서 근무 중이었다. 수술용 마스크 한 장조차 구하기 어렵던 그곳에서 한국의 가족들이 보내준 KF94 마스크를 귀국행 비행기를 타게 된 5월 중순에서야 처음 써보았다. 난생처음 그러한 보건용 마스크를 썼을 때 문자 그대로 숨이 턱 하고 막히던 순간을 잊을 수 없다. 당시 한참 연구 중이던 해녀들이 코까지 덮는 수경을 쓰고 숨을 쉬려고 했다면 이런 기분이었을까. 온라인으로 접하던 KF94 마스크 착용이 호흡곤란 부작용을 일으켰다는 등의 선정적인 보도들이나 강의 도중 쓰러졌다는 경험담들은 5월 귀국 여정을 앞두고 주의 깊은 마스크 착용 계획을 세우게 만들었다. 베를린 테겔 공항에서의 수속 과정과, 런던 히드로 공항 환승 체류 및 인천공항 착륙 이후에 공항 내에서는 KF94 마스크 착용, 기내에서는 KF80 마스크 착용, (공항에서 격리 지역으로 이동을 도와주는) 방역 수송 버스에서는 동승자가 없을 경우 KF80 마스크, 있을 경우 KF94 마스크 착용이라는 사전에 세운 계획을 치밀하게 실천했다.[1] 귀국한 뒤로도 KF94 마스크는 한동안 필자에게 내키지 않는 물건이었다. 이 사물의 낯섦이 희미해지기 위해서는 코로나 사태가 예상외로 장기화되고 감염의 우려가 커지면서 부득불 마스크를 쓰고 강의하고 대화하는 일이 늘어나는 등 지난한 시간을 함께하는 일이 필요했다.

이 책은 마스크가 친숙한 사물이 되기 이전의 낯선 이면들을 개인적 차원을 넘어 인류사의 긴 호흡 가운데 변화해온 다양한 사회적, 정치적, 문화적 문맥에 놓고 살핀다. 특히 특정한 유형의 마스크를 제작하고 의료진이나 일반인이 착용하는 데 과학, 기술, 의학이 끼친 영향과 정치적 연루 등을 다룬다. 이를 위해 이 책은 멀게는 18세기 유럽의 페스트(흑사병) 유행 당시 등장한 역병 의사 마스크부터 1911년 만주 페스트의 유행과 1918~19년의 스페인 인플루엔자 팬데믹을 거쳐서 다양한 종류의 방역용 마스크들이 등장하는 양상, 그리고 코로나 사태 전후 한국을 비롯한 여러 국가에서 대규모로 마스크를 착용하게 되는 과정과 그 여파 등을 추적한다. 이 책은 마스크와 인류가 어떻게 공진화해왔는지를 탐구하는 부분적이지만 "서로 연결된 지구사interconnected global history"이자, 코로나 시대 한국, 미국, 영국, 인도, 일본에서 바이러스와 함께 살아내기 위해 마스크를 중심으로 새로운 물질적, 사회적 관계들을 만들어내는 과정을 충실히 기록하려는 "현재사history of the present"라고 할 수 있다.

이 책의 필자들이 마스크의 역사와 현재의 낯선 이면을 살피는 데 가장 주목하는 대상은 바로 마스크라는 사물의 물질성과 이를 둘러싼 물질적인 차원이다. 마스크의 형태와 재질, 제작 과정, 물질문화, 마스크 생산 및 수급 체제, 품질 관리 제도, 그리고 마스크의 성능에 관한 과학적 시험 등 마스크의 물질성을 이루는 물질적 실천들과 관계들, 바로 이것들이 서로 다른 시기에 각기 다른 주제로 마스크의 면면을 고찰하는 필자들이 공통적으로 살피는 대상들이라고 할 수 있다.

사물은 생각보다 많은 이야기를 들려준다. 18세기 유럽 페스트 유행 시기에 만들어진 역병 의사 마스크는 그 재질과 형태를 섬세히 살피고 다시 짜 맞추는 복원사의 손길 가운데 현실에서 사용되었을 법한 물건이 아니었음을 확인하게 한다(5장). 일제강점기에 조선인들이 널리 사용했던 검은색 공단 마스크는 잦은 세탁이 쉽지 않던 당시의 수도 공급 상황과 여타 물질적 조건들을 무시한 채 위생의 이름으로 일일 세탁을 강요하기 위해 하얀색 거즈 마스크 착용을 주장한 남성 의사들에 관한 이야기를 드러낸다(9장). 마스크 제작 과정에 대한 주목은 누가 마스크를 만드는가라는 질문으로 우리를 이끌고, 그전에는 드러나지 않았던 제작자와 사용자, 비과학 대 과학이라는 구도를 둘러싸고 현대 일본인들이 직면한 젠더 질서와 20세기 초 중국인들이 대면해야 했던 제국주의 질서를 가시화한다(4, 7장). 부직포 마스크가 일반적으로 사용되는 일본이나 타이완과 달리 KF94 마스크와 같은 보건용 마스크가 코로나 직후 빠르게 코로나 마스크로 정착하는 상황은 한국의 마스크 생산 및 수급 체제와 같은 물질적 조건의 수립 과정을 면밀하게 살펴야만 이해될 수 있다(10, 11장). 코로나 시대에 가장 널리 사용되는 마스크들의 일회용품이라는 물질적 성격은 필자들이 플라스틱 폐기물로서 사용 이후의 마스크의 삶과 관련된 환경 문제들에 주목하고 문제를 제기하게 만든다(1, 2, 3, 11장).

이처럼 마스크의 물질성에 초점을 맞추는 일이 사물의 사회적 삶과 그것이 사람들과 맺는 (권력관계를 포함한) 다양한 상호작용들을 배제한다는 뜻은 아니다. 이 책의 필자들은 마스크의 정치에 분명하게 주목한다. 1911년 만주 페스트 유행 당시 중국 하얼빈의 지역 의사들은 거즈로 만든 코와 입을 가리는 방역 도구를 사용했는데 이에 대해 서양인 의사들이 "호흡기 respirator"라는 전통적인 이름 대신에 "마스크"라는 이름을 붙인 이유는 그들이 자신들의 호흡기와 이 "동양식" 물건이 동등한 과학적 물건이라는 점을 인정하려 들지 않았기 때문이다(7장). 1918~19년 스페인 인플루엔자 팬데믹 당시 미국 샌프란시스코에서 마스크 반대 연맹이 벌인 반마스크 시위는 당시 시장의 반대 세력으로 활동하던 여성 정치인들의 시정 활동을 배경으로 하고 있었다(8장). 일제강점기이던 1920년대 이후 한국에서 마스크가 널리 사용된 요인 중 하나는 조선총독부가 근대 위생

제도의 도입을 식민화의 정당성을 주장하는 근거로 활용하면서도 실제로는 식민지인에 대한 보건위생 비용을 절감하고 싶어 했던 자기기만의 일환으로서 전염병 유행 시마다 마스크 착용을 홍보한 결과였다(9장). 미국에서 정치적 성향에 따른 위험 인식 차이에 기초한 마스크 착용 논쟁이나 코로나 사태 초기 마스크 착용에 관한 동서양의 다른 태도들과 그에 따라붙은 인종주의적 혐오 역시 마스크의 사회적 삶이 갖는 정치적 차원을 드러낸다(2장).

이처럼 각 장이 마스크를 둘러싼 물질적, 사회적 측면들을 심도 있게 살핀다는 점에서 이 책을 마스크의 "사회물질적 역사socio-material history"에 관한 것이라고 말해도 무방할 듯싶다. 이 책의 필자들 대부분이 연루되어 있는 과학기술학Science and Technology Studies, STS이라는 학문 분야는 물질적 존재들이 현대 사회의 사회적, 정치적 삶을 직조하는 데 중요한 역할을 해왔다는 점을 가르쳐왔다.[2] 인간 행위자들만큼이나 물질적 대상들 역시 개인 정체성이나 사회적 규범, 정치적 상상 등을 만들어내는 데 중요하게 기여한다. 그런데 이렇게 물질적 행위 능력material agency이 발휘되는 것은 해당 객체들과 사물들이 인간과 비인간 행위소들actants로 이루어진 사회물질적 어셈블리지assemblages에 성공적으로 안착하는 경우로 한정된다.[3] 이러한 이유로 최근 과학기술학자들은 사회적인 것과 물질적인 것 사이의 분리 불가능성을 강조하기 위해 인간-비인간 행위자 네트워크에 관해 논의할 때 오롯이 "물질성"만 강조하기보다는 "사회물질성socio-materiality"이라는 개념을 사용하기 시작했다.[4] 같은 맥락에서 이 책 역시 "사회물질성"이라는 용어를 통해 시대별, 지역별로 다른 물질적·담론적 실천들의 하이브리드hybrid로서의 마스크의 물질적 힘을 강조한다. 즉 마스크의 사회물질적 역사는 마스크라는 "인공물과 과학, 문화, 정치, 사회의 얽힘entanglement"에 대한 또 다른 표현이다.[5]

이 책은 총 세 부로 이루어져 있다. 1부는 코로나 시대 마스크의 물질문화와 정치에 주목한다. 1장에서 세라 베스 키오는 미국 미시간주에서 팬데믹을 살아내면서 마스크를 얻고 쓰고 버리는 일과 관련해 새로이 출현한 마스크의 물질문화를 고찰한다. 2장에서 홍성욱은 팬데믹 초기에 마스크의 용도와 의미가 다변화되는 상황에 주목하며 마스크의 다면성에 대해 STS의 관점에서 고찰한다. 3장에서 금현아, 새로나 펄, 스콧 놀스, 트리디베시 데이는 팬데믹 동안 동아시아, 남아시아, 북아메리카 지역의 마스크 착용과 관련된 물질적 차원과 문화적 실행들의 지역적 형성과 변용을 초국적 비교의 관점에서 살핀다. 4장에서 미즈시마 노조미와 야마사키 아사코는 팬데믹 초기 일본에서 수제 면 마스크의 제작, 유통, 확산 과정을 젠더라는 렌즈로 검토함으로써 마스크 제작 및 착용과 관련된 성별화된 역할 분업의 양상을 드러낸다.

2부는 근대 초기 유럽 페스트 유행부터 스페인 인플루엔자 팬데믹에 이르는 시기 동안 전염병 방역 용도로 특정한 종류의 마스크가 제작, 사용, 장려되고 이런 마스크 착용 활동이 정치적으로 연루되는 양상을 살핀다. 5장에서 마리온 마리아 루이징어는 잉골슈타트 독일 의학사 박물관이 소장 중인 역병 의사 마스크라는, 흔히 최초의 방역용 마스크로 여겨지는 새부리 마스크가 페스트 유행 당시 실제 방호장비로 사용되었는지 여부를 비판적으로 고찰한다. 6장에서 스미다 도모히사는 일본에서 19세기 말 세균학 등장 이후 감염 예방을 위해 코와 입을 막는 마스크가 등장하고, 이것이 일본의 위생 문화의 일부로 자리 잡는 과정을 살핀다. 7장에서 장명은 1911년 만주 페스트 유행 당시 우렌더에 의해 거즈 마스크가 처음으로 고안되었다는 신화에 가려진 중국에서의 방역용 마스크 착용의 역사와 그러한 사실들이 잊힌 배경을 검토한다. 8장에서 브라이언 돌런은 1918년 스페인 인플루엔자 팬데믹 당시 샌프란시스코에서 마스크 착용 반대 시위를 이끈 마스크 반대 연맹의 활동을 검토하며, 이들의 시위가 의학적, 과학적 근거보다는 정치적 동기에서 비롯된 것임을 보여준다.

3부는 일제강점기부터 오늘날에 이르기까지 한국 사회에서 마스크의 출현과 보건용 마스크를 중심으로 한 코로나 방역 거버넌스가 확립되는 과정과 그것이 수반하는 문제들을 검토한다. 9장에서 현재환은 스페인 인플루엔자 팬데믹 이후 식민지 조선에서 마스크 착용이 일반화되는 과정을 검토하고, 이

가운데 마스크 착용에 여성성을 부여하고 이를 관리하는 일을 여성에게만 전가하는 젠더화가 일어났음을 지적한다. 10장에서 김희원과 최형섭은 코로나 시대의 마스크 착용을 새로운 종류의 공기 위협에 대한 재연reenactment으로 보면서, 2000년대 초반 이래 황사와 미세먼지에 대한 대응으로 일회용 보건용 마스크가 대량생산 가능하도록 산업적, 제도적 인프라가 구축되는 과정에 주목한다. 11장에서 장하원은 일회용 보건용 마스크를 중심으로 하는 현재의 방역 체계와 팬데믹 대응 방식이 성립되는 과정, 그리고 그에 따라 특정한 종류의 마스크 쓰기 실천이 야기하거나 간과하게 만드는 문제들을 다룬다.

이 책은 팬데믹에서 엔데믹으로 전환되고 있는 시점에 대한 홍성욱의 에필로그로 끝맺는다. 홍성욱은 포스트 코로나 시대의 "마스크 공동체"로서의 우리와 마스크의 미래에 대해 전망한다. 독자들이 이 책『마스크 파노라마』를 통해 다른 시공간에서 마스크와 인류가 과학과 정치를 매개로 펼쳐내는 파노라마적 풍경을 일람하는 과정에서 마스크의 낯선 물질적, 사회적, 정치적 면면들을 이해하고, 포스트 코로나 시대를 이제는 친숙해져버린 이 사물과 함께 어떻게 더 잘 살아낼 수 있을지 고민할 기회를 갖는다면, 이 책의 소명은 다한 것이다.

...

이 책이 나오는 데에는 많은 분들의 도움이 있었다. 먼저 원고 수록을 기꺼이 허락해준 미즈시마 노조미, 야마사키 아사코, 스미다 도모히사, 장멍, 브라이언 돌런 선생님께 감사를 드린다. 또 원고 청탁을 갑자기 드렸는데도 기꺼이 새로 원고를 집필해주신 금현아, 섀로나 펄, 스콧 놀스, 트리디베시 데이, 김희원, 최형섭, 장하원 선생님께 감사를 전한다. 번역에도 여러 분이 도움을 주셨다. 1장과 7장, 8장은 김소은 선생님이 초벌 번역을 진행하고 현재환이 재번역했다. 3장은 필자 중 한 명인 금현아 선생님이 영문 원고를 작성한 후 한국어로 번역했다. 5장은 정계화 선생님이 번역하고 현재환이 간단하게 손을 봤으며, 6장은 김하정 선생님이 번역한 원고에 현재환이 번역한 내용을 넛붙여 정리했다. 4장은 현재환이 번역했다. 무엇보다도 이 책의 가장 큰 행운은 최대연 선생님과 같은 꼼꼼한 편집자를 만난 것이다. 번역 원고들을 거의 전부 재검토할 기회를 가질 수 있었는데, 이런 작업과 선생님의 뒤이은 교열 작업이 없었다면 출판은 불가능했을 것이다. 마지막으로 번역 원고들은 편집상의 이유로 참고문헌, 각주, 원문을 모두 포함하지 않고 저자의 허락하에 일부 내용을 생략한 발췌 번역임을 밝혀둔다.

차례

1부
코로나 마스크의
물질문화와 정치

1장
코로나 시대의 마스크와 물질성

세라 베스 키오

들어가며

이 글은 코로나바이러스감염증-19(이하 코로나19)로 인한 팬데믹 기간에 미시간주에 거주하면서 몸소 겪고 관찰하고 생각한 것들의 모음으로서 물질문화material culture의 측면에서 코로나19 시대의 마스크를 고찰해본다. 이를 위해 물질문화 연구자로서 내가 알고 있는 전문지식과 더불어 애나 칭Anna Tsing, 아르준 아파두라이Arjun Appadurai, 크리스틴 해럴드Christine Harold, 안드레이 구루이아누Andrei Guruianu, 나탈리아 안드리예프스키크Natalia Andrievskik와 같은 물질문화 이론가들의 논의를 활용했다. 이 글은 마스크의 물질문화와 관련해, 상호 연결된 세 가지 줄기로 이루어져 있다. 먼저 "마스크 얻기"에서는 마스크의 가치가 인식되는 다양한 양상을 살핀다. 다음으로 "마스크 쓰기"에서는 팬데믹 기간 동안 마스크를 쓰거나 쓰지 않는 행위를 통해 정치적, 개인적 정체성과 권력을 표현하고 전달하는 방식들을 확인한다. 마지막으로 "마스크 버리기"에서는 지속성이 짧은 특징을 가진 마스크의 아이러니를 고찰한다. 이 주제들을 코로나19 상황이 지속됨에 따라 점차 확장되는 전 지구적 팬데믹 상황과 미시간주 지역의 문화적 대응의 맥락 속에서 해석하는 것이 나의 목표다.

마스크 얻기

2020년 5월 OECD는 코로나19 확산을 막기 위해 만들어진 마스크의 지구적 가치 사슬에 대한 연구 결과를 발표했다.[1] 이 연구는 일회용인 '수술용' 또는 '의료용' N95 마스크●와 인공호흡기를 내상으로 하는데, 생산에 관련된 물품에서 생산, 살균, 그리고 살균 제품에 필수적인 밀봉 포장에 이르기까지 그 제반 비용을 추적했다. 전 세계적으로 외출금지령stay-at-home orders이 내려지면서 국제 연료 가격이 급락했고, 폴리프로필렌(석유

●   (옮긴이) N 마스크는 미국 산업안전보건연구원의 인증을 받은 마스크로, N95는 0.3마이크로미터(μm) 크기의 미세입사를 95퍼센트 이상 걸러낼 수 있다는 의미다. 나아가 FFP 마스크는 유럽의 인증을 받은 마스크를 가리키는데, 대체로 KF94는 N95, FFP2와 같은 등급으로, KF80은 FFP1과 같은 등급으로 볼 수 있다.

에서 추출한 중합체)으로 만든 마스크의 수요가 급증했다. 미국 공영라디오NPR에 따르면 팬데믹 이전에 아마존에서 약 15달러에 판매되던 N95 마스크 30개짜리 한 팩이 2020년 3월에는 199달러에 판매되었으며, 배송에 1개월 이상이 소요되었다.[2] 가로막힌 세계적 공급망, 여러 산업에서의 노동력 부족, 마스크 판매 기업들의 가격 인상 조치, 마스크 구매 여력이 있는 이들의 사재기가 문제를 더욱 심화시켰다. 게다가 미국 질병통제예방센터CDC가 개인보호장비personal protective equipment, PPE인 마스크가 코로나로부터 생명을 지키는 데 도움을 줄 수 있다며 장려하기 시작하자 수요는 더욱 폭증했다. 한마디로, 마스크는 자본주의 체제에서 교환되는 매우 가치 있는 물건이 되었다.

   미시간에서 처음으로 휴교령과 봉쇄령이 선언되고 외출 자제 조치가 내려진 2020년 3월 중순에는 마스크를 사는 일이 하늘의 별 따기였고, 살 수 있는 마스크들은 대부분 일회용 마스크였다. 어떤 사람들은 대량으로 마스크를 구매해 비축하기도 했다. 이때는 3겹 수술용 마스크와 의료용 N95 마스크가 가장 보편적이었지만, 사회 필수인력에게 양보할 것이 권고되었다. 미국 산업계가 마스크 생산에 돌입하는 데에는 꽤 오랜 시간이 걸렸다. 어떤 종류의 마스크가 가장 효과적인지에 대한 의견 또한 분분했다. N95 마스크는 공공장소 이용이 불가피한 상황에서 여전히 가장 방역 효과가 좋은 마스크 중 하나로 여겨졌는데, 미시간에서는 직업적 특성 때문에 격리가 어려운 사람들을 위해 N95 마스크를 '남겨둘 것'(구매 또는 비축하지 말 것)이 권고되었다. 마스크 부족 문제는 N95 마스크와 달리 재사용이 가능한, 손 또는 기계로 만든 천 마스크로 해결해야 했기에 내가 사는 지역에서는 다수의 사람들이 모여 함께 천 마스크를 제작해 가능한 많은 사람들에게 배포하고자 했다. 마스크 수요는 높고 공급은 부족했다. 집안 풍경에서 사라졌던 봉제 기술이 격리 상황에서 다시 출현했다. 개인보호장비로서 마스크는 매우 가치 있는 것으로 평가되었고, 마스크를 만드는 데 필요한 물품과 도구 및 재봉 지식을 갖고 있는 개인들이 금세 사회에서 높은 가치를 지닌 존재가 되었다.

나는 2020년 3월 중순에 이웃의 선물로 생애 첫 마스크를 얻었다. 나는 마스크 값을 치르거나 그 재료비를 지불하지 않았다. 은퇴한 우편배달부이자 바느질이 취미였던 내 이웃은 주변인들을 진심으로 걱정하는 사람으로서 온라인에서 (CDC의 권고사항을 따른) 마스크 제작 패턴을 찾아서 직접 재봉하기 시작했다. 그때까지도 나는 초등학생인 아들과 내가 쓸 마스크를 구하지 못한 상태였고, 그리하여 걱정은 점점 커지고 있었다. 그녀는 우리의 이런 상황을 알지 못했다. 그런데 미시간에서 외출 자제 조치를 내리기 직전인 3월 중순 어느 오후에 그녀에게서 문자가 왔다. 우리 집 현관에 마스크 세 개를 두고 갔다는 것이었다. 하나는 나, 하나는 아들, 그리고 나머지 하나는 (그녀가 만나본 적도 없는) 나의 전 배우자를 위한 것이었다. 그

[그림 1-1] 코로나 팬데믹 시기의 수제 마스크 제작.
(사진: CC BY SA/Changku88. https://commons.wikimedia.org)

녀는 내 직업이 "예술과 관련이 있다"는 이유로 내 마스크를 반
고흐의 「별이 빛나는 밤에」가 그려진 천으로, 아들의 것은 아
이가 가장 좋아하는 미시간주립대학교 스포츠팀 천으로 만들
었다. 이 두 마스크는 우리 가족에게 매우 값진 선물이자 상품
이었다.

　인류학자 애나 칭은 선물과 상품의 차이점과 관련성에 대
해 기술했다.[3] 칭에 따르면, 자본주의 경제에서는 "상품이 체제
를 정의한다." 상품에서 선물을 구분하기란 매우 어려우며, 둘
은 상호 배타적인 범주가 아니다. 하지만 몇 가지 차이가 있다.
수령인과 제작자 간의 거리 혹은 괴리는 선물이나 선물화된 상
품보다 일반 상품일 경우에 더 크다. 게다가 "상품 체제에서의
가치는 사용과 교환을 위한 물건"에 있다면, 선물 체제에서는
참여자 사이의 "사회적 의무, 연결, 격차"가 가치를 더한다.[4]

나의 이웃이 준 마스크는 명백한 선물이었다. 비록 내가 목화솜을 재배한 농부가 누군지 모르고 천 자체는 기계로 만든 것이겠지만, 나는 그 재료들로 내 마스크를 만든 사람이 누구인지를 알고 있다. 이때 괴리의 정도는 매우 작다. 마스크라는 선물은 우리를 연결해주었고 봉쇄령이 만들어낸 사회적 상호작용의 빈틈을 메워주었다. 하지만 그와 동시에 내가 선물받은 마스크는 상품이기도 했다. 나는 당시 사람들이 필사적으로 찾아 헤매며 때때로 엄청난 돈을 지불해야 얻을 수 있었던 무언가를 갖게 된 것이었다. 만약 내가 이 마스크를 팔고자 한다면 그 교환가치는 상당했을 것이고 사용가치는 더 클 것이었다. 마스크는 내가 종종 식료품을 사러 가거나 캠퍼스 사무실에 필요한 것을 가지러 다녀올 수 있게 해주는 보호장비이자 법을 준수하게 해주는 수단이 되었다. 선물해준 이웃이 아팠을 때 그녀는 나에게 약 처방을 대신 받아서 현관에 놔줄 수 있는지 물었다. 이 일은 그녀가 선물해준 마스크 덕분에 할 수 있게 되고 내가 기꺼이 하고 싶은 일이 되었다.

나의 첫번째 마스크는 사람들이 인터넷을 샅샅이 뒤져 구매한 마스크와 확연한 차이가 있다. 마스크나 휴지처럼 수요가 높은 상품들을 사려고 하는 사람들은 누가 그것을 만들었는지에 관심이 없다. 구매자는 제작자 또는 상품을 얻기 전후의 어느 공급 체인 과정과도 아무런 관계를 맺지 않는다. 사재기는 엄밀히 상품과 관련되는데, 사재기한 이들은 자기 자신과 친구

　　　　　　　　1부 코로나 마스크의 물질문화와 정치

들, 가족들을 위해 상품을 비축하거나 더 높은 가격에 남는 것들을 되팔았기 때문이다. 비록 선물과 상품 사이에는 분명한 관련이 있지만, 나의 첫번째 마스크가 명백한 선물이었던 이유는 단순히 내가 값을 지불하지 않았기 때문이 아니다. 이 마스크는 나의 이웃이 특별히 나와 내 아들만을 위해 만든 것이었다. 우리가 요구한 게 아니다. 그녀는 우리의 취향에 맞추어 천을 골랐다. 마스크가 오염되지 않도록 지퍼백에 고이 담아서 가져다주되, 직접 건네주진 않으려고 애썼다. 선물받은 마스크들은 아주 개인적이고 맥락적인 것이었다. 그것을 주는 행위는 내 이웃이 우리의 건강을 진심으로 염려한다는 표현이었기에 우리의 교우관계를 더 단단하게 묶어주었다. 그것은 사재기로 얼룩진 소비 시기에 나온 따뜻하고 이타적인 행위였다.

내가 값을 지불하지 않고 갖게 된 마스크는 이게 유일한 것은 아니었다. 내가 근무하는 대학은 캠퍼스 내 마스크 착용을 의무화하며 교수진에게 대학 마스코트가 작게 새겨진 마스크를 한 장씩 지급했다. 공짜로 받기는 했지만 나는 이것을 선물이라고 생각하지 않는다. 모든 교수진(그리고 교직원, 행정 관리인들, 대부분의 학생들과 여러 졸업생들)이 똑같은 마스크를 받았기 때문에 반 고흐 마스크와 달리 개인화된 것이 아니었다. 대학 마스크는 내 학교 우편함으로 배송되었고 내가 약 세 달 만에 학교 연구실에 들렀을 때에야 확인할 수 있었다. 나는 그게 언제 도착했는지, 얼마나 오래 거기 있었는지, 누가 거기다

두었는지를 몰랐다. 이 대학 마스크는 상품 밀봉 포장재 속에 들어 있었다. 나와 대학에서 준 마스크 사이의 괴리 정도는 매우 컸다. 나는 내가 재직 중인 학교의 마스코트가 그려져 있음에도 이 마스크에 개인적인 애착을 전혀 느끼지 않는다.

애나 칭은 교환 체제는 "뒤섞여 있고 어질러져" 있기 때문에 선물과 상품 사이의 이분법을 만드는 것을 경계한다. 선물이나 상품으로 지정하는 것은 보통 분류하는 사람의 인식을 기반으로 한다. 똑같은 물건이 어떤 사람에게는 선물이 되고, 다른 사람에게는 상품이 될 수 있으며, 상품인지 선물인지가 중간에 바뀔 수도 있고, 상품인 동시에 선물일 수도 있다. 나의 반고흐 마스크를 포함한 대부분의 선물은 원자재를 활용해 만들기에 국제 공급과 가치 사슬에 의존한다. 나의 반 고흐 마스크는 처음에는 상품이었다가 곧 선물이 되었다. 비록 이 마스크를 만드는 데 들어간 솜이 어디서 자라나고 수확되었는지, 천이 어디서 짜이고 인쇄되었는지, 고무 밴드가 어디서 만들어졌는지는 모르지만 나는 누가 마스크를 재봉했는지, 이 천을 왜 어떻게 골랐는지, 그리고 그것을 전달한 방법과 그 의도를 잘 알고 있다. 게다가 반 고흐 마스크는 나와 내 이웃 사이의 관계를 더 강화시켜주었는데 그 이유 중 일부는 그것의 제작 과정과 의도된 목적을 내가 분명하게 알았기 때문이다.

반면 직장에서 배급한 마스크는 내가 갖게 된 이후에도 여전히 상품으로 남았다. 몇 주 후에 나는 이 대학 마스크가 착용감이 좋고 안경에 김이 서리게 하지 않는다는 것을 알게 되었다. 나는 업무 중에 마스크와 안경을 동시에 쓰느라 고생하던 친구들을 위해 동문회 사무실(대학에서 마스크를 주문 결제하고 배급한)에 재고가 있는지 물었다. 그곳에서는 내게 전에 주었던 것과 똑같이 밀봉 포장된 마스크 다섯 개를 주었고, 나는 이를 곧장 친구들에게 주었다. 이 마스크들은 선물일까? 나는 개인적으로 가까운 사람들에게 이 마스크들을 주었다. 내가 직접 만들거나 돈을 지불한 건 아니었다. 친구들에게 그 마스크는 편의를 가져다준 물건이었다. 친구들은 나의 행동에 고마워했겠지만 그 마스크 자체에 어떤 정서적 가치가 있는지는 잘 모르겠다.

또 다른 물질문화학자인 아르준 아파두라이는 선물과 상품의 구분을 거부한다.[5] 아파두라이는 교환된 모든 것은 경제적 가치를 가지기 때문에 상품으로 본다. 나의 반 고흐 마스크는 경제적 가치를 가졌고 지금도 가지고 있다. 2020년 5월에는 그 마스크를 30달러에 팔 수도 있었을 것이다. 대학에서 준 마스크는 내가 값을 치르지 않았다고 해서 경제적 가치가 없는 것이 아니다. 그것 역시 팔 수 있었을 것이다. 더욱이 내가 가진 마스크 중에 안경에 김이 서리지 않는 유일한 마스크였기 때문에 수업 중에 착용하기 가장 좋았고, 그런 만큼 상품으로서의 가치도 더 높았을 것이다. 다른 한편으로 대학으로부터 마스크라는 보호 수단을 (물론 봉급도) 제공받았기 때문에 그 대가로 나는 학생들을 대면으로 가르치라는 기대를 받는다.

이 글을 쓰고 있는 시점에 마스크의 소비자 가격은 상당히 떨어졌다. 2020년 10월 기준 아마존에서 N95 마스크는 개당 1.5달러, 20개 묶음이 30달러 정도이고, 일반 3겹 마스크는 개당 0.5달러, 50개 묶음이 25달러 정도다. 두 종류 모두 여러 공급처에서 이틀 만에 배송되는 아마존 프라임 상품이다. 내가 어떤 시점에서든 선물이라고 생각하는 반 고흐 마스크는 그것을 전달받은 시점에는 값비싼 것이었다. 즉, 마스크를 얻는 과정과 마스크의 상품 가치는 코로나 사태를 거치는 동안 급변했다. 2021년 2월에는 홈디포Home Depot에서 무료로 가져가라고 내놓은 마스크 더미를 보았다. 1년 사이에 마스크는 가치를 완전히 잃어버린 것이다. 접근성이 높아질수록 소비자의 선택도 커진다. 이제 우리는 구할 수 있는 아무 마스크나 사용하는 게 아니라 의미와 정체성을 담은 마스크를 골라서 쓸 수 있게 되었다.

마스크 쓰기

개강 첫날 학교에서 사용할 마스크로 나는 실용적인 마스크를 골랐다. 여름에 국세조사원으로 일하는 동안 착용하도록 인구조사국United States Census Bureau에서 준 하얀색 천 마스크였다. 착용감이 좋고, 숨 쉬기도 편했으며, 색깔도 튀지 않았다. 하지만 안경에 김이 서리는 바람에 다시 대학에서 준 마스크를 쓰게 되었다. 새 학기와 일부 대면 수업에 대한 기대로 나는 아마존에서 세계 지도가 그려진 마스크 두 개를 구매했다. 나는 지리학 교수이자 지도 애호가다. 이 마스크들은 나의 정체성을 표현하는 것이었다. 하지만 도착한 마스크를 보니, 겹겹의 실크로 만들어져 꽤 두껍다는 것을 알게 되었다. 실크는 분명 좋은 소재이지만 여러 겹으로 되어 있으면 큰 교실에 서서 강의할 때 깊게 숨을 들이쉬기가 거의 불가능하다.

이렇게 내가 마스크를 골라 사용하고, 학생들과 동료들, 일반 대중들의 마스크 선택을 관찰하면서 정체성 표현의 형태로 마스크를 쓰는 것에 대해 진지하게 고민하게 되었다. 개인의 선택이 하나의 과정이 되자, 마스크는 대상에서 주체가 되었다. 즉 대상을 사용하는 사람이 다양한 종류, 브랜드 또는 양식을 선택할 수 있을 때 물질적 대상은 정체성 표현의 수단이 될 수 있었다.

2020년 가을 학기가 시작했을 때, 미국의 마스크 공급은 수요를 따라잡았다. 일회용 마스크는 아마존에서부터 근처 대형마트인 크로거Kroger까지 어디에서나 쉽게 구할 수 있게 되었다. (대부분 재사용 가능한) 다양한 디자인과 천으로 된 마스크 광고가 내 페이스북 피드를 주기적으로 도배했다. 즉 마스크는 이제 수천 개의 프린팅과 수십 개의 스타일 사이에서 선택할 수 있기에 정체성 표현이 될 수 있었다. 마스크는 보호막으로 작용할 수만 있으면 되는 아무 물건에서 개인의 선택과 정체성 표현의 행위가 된 것이다.

마스크 착용이 처음 권고되고 그 수요가 높았던 초창기에 마스크가 단일 사이즈, 단일품으로 획일화되었던 것이 마스크를 개인의 정체성 표현 수단으로 삼게 만든 요인 중 하나일 것이다. 마스크를 구하기 어려웠을 때 소비자들에게는 선택의 여지가 없었다. 이 같은 수요와 공급의 불일치는 셔츠나 목토시를 코까지 올려 쓰거나 손수건으로 얼굴을 덮는 등 본래 다른 용도로 사용되던 물건들을 마스크로 탈바꿈시켰다.

시간이 경과하면서 천 마스크에 사용된 패턴이 마스크 제작자가 마스크를 받을 사람에게 전하고 싶은 감정을 표현하는 수단이 되었다. 마스크를 수제로 재봉하던 사람들은 처음에는 개인보호장비 부족을 겪는 의료진을 위해서, 이후에는 일반 대중들을 위해 마스크를 제작하며 다양한 천과 패턴을 골라 사용했다. 한 CNN 기사에는 애틀랜타에서 의료진과 그 밖의 필수 종사자들의 희생에 감사하는 표시로 사용된 하트와 꽃무늬 마스크 사진이 실렸다.[6] 해당 기사에 따르면 페이스북의 "마스크 패턴 재봉Sewing Mask Pattern" 그룹의 회원 수는 2020년 3월에 3천 명 정도이던 것이 2021년 1월에는 1만 2,200명으로 늘어났고, "마스크 제작자 공동체Mask Makers Community" 그룹의 회원 수는 1만 3,900명에 이르렀다.

이와 같이 물질문화를 생산하는 행위는 당연하게도 국제적인 팬데믹과 보호장비의 부족이라는 맥락 속에서 이루어졌다. 국가가 위축된 산업 섹터가 재가동되어 수요를 충족시키기를 기다리는 동안, 풀뿌리 재봉 공동체들이 제2차 세계대전 시기의 집단주의적인 방식으로 발 벗고 나섰다. 주요한 차이점은 2차 대전 시기에는 제작자 공동체가 동일한 공간 내 여성들의 물리적 동원으로 이루어졌지만, 코로나 시대의 마스크 재봉 공동체는—베네딕트 앤더슨Benedict Anderson의 표현을 빌리자면—상상의 공동체라는 것이다.[7] 이들은 개인보호장비 고갈에 대한 우려가 점점 커지고 심각해지면서 출현했고, 주로 소셜미디어 SNS를 통해 이웃, 친구, 교회 모임 등 코로나 이전에 다른 목적으로 형성된 공동체들에 기초했다. 코로나 시대에 마스크를 재봉하는 사람들은 집에서 홀로 작업했으며, 팬데믹 초기에 원단을 판매하는 상점들이 문을 닫았기에 집에 있던 재료들을 활용했다. 이들은 직접 대면하여 기술과 패턴을 공유하는 대신 유튜브 영상을 통해 가장 효과적인 마스크 제작법을 학습했다. 이런 면에서 유튜브 영상들은 지식과 기술을 갖춘 사람들이 더 큰 목적을 위해 이를 필요로 하는 사람들에게 제공하는 무료 수업이자 선물과도 같은 것이었다.

공공장소와 건물 내부에서 마스크 착용이 보편화되고 일반 대중 사이에서 마스크 착용의 필요성이 공감을 얻으면서 광고에서도 마스크를 보는 일이 늘어났다. 독립기념일 이전 몇 주 동안 미국 중서부 주간 고속도로에 빌보드 광고를 게시하곤 했던 폭죽업체 팬텀 파이어워크스Phantom Fireworks는 광고에서 마스크를 쓴 유령의 모습을 선보였다. 미시간주립대학교의 대형 스파르타 조각상에는 2020년 4월부터 마스크가 씌워졌고,[8] 2020년 늦여름에는 TV 광고에서도 마스크를 착용한 배우들의 모습을 볼 수 있었다. 같은 해 핼러윈 직전에 나의 대학원 동기는 마스크를 씌운 호박을 집 앞에 둔 사진을 페이스북에 올렸다. 2021년 1월, 새 촬영을 시작한 〈NCIS: 로스앤젤레스〉 같은 TV 드라마는 주인공이 극중의 대중들과 소통할 때 마스크를 착용하도록 했다. 말하자면, 마스크 착용은 점차 (개인적인 생각으로는 너무 느리게) 일반화되었다.

마스크 착용이 미국에서 확산되는 데 오랜 시간이 걸리기는 했지만 특히 미시간에서 더 느렸던 이유는 마스크를 쓰는 일이 정치적 표현이 되었기 때문이다. 팬데믹이 미시간을 휩쓸던 초기에는 대부분의 주민들이 마스크 착용 권고와 사회적 거리 두기를 무시했기 때문에 미시간 주지사 그레천 휘트머Gretchen Whitmer는 외출 자제 조치와 마스크 의무 착용 행정명령을 내렸다. 휘트머의 행정 명령은 많은 논란과 항의 소요를 불러일으켰다. 2020년 5월 1일 행정 명령에 대한 반발로 랜싱 지역에서 일어난 가장 큰 시위는 국내외 미디어에 대대적으로 보도되었다. 마스크 착용 의무화를 집행하고자 하는 측과 반대하는 시위대 간의 대치 가운데 최소 세 명이 사망했고, 미시간주의 일부 법 집행 기관은 명령 집행에 반대했다. 민주주의 기금+UCLA 네이션스케이프 프로젝트Democracy Fund+UCLA

[그림 1-2] 2020년 4월 30일, 미시간주 의사당 앞에 모인 시위자들. 그레천 휘트머의 행정 명령에 반대하고 나섰다. (사진: AP=연합뉴스)

Nationscape Project의 설문조사(2020년 6월 15일~7월 11일)에 응답한 미시간 주민의 92퍼센트는 공공장소에서 마스크를 썼다고 답했는데도 말이다. 전국적으로는 89퍼센트였다.[9] 즉, 어떤 대답이 요구되는지를 아는 상황에서 사람들이 한다고 대답하는 것과 실제 행동 사이에는 다소 차이가 있었다. 봄부터 가을까지 이어졌던 주 의사당 건물 앞 시위대의 이미지는 주지사의 행정 명령에 저항하며 마스크를 쓰지 않고 사회적 거리 두기도 지키지 않은 채 몰려 있는 모습이었다.[10] 공공장소에서 마스크 착용을 거부하는 것은 주지사의 명령에 불응하며 자유와 독립을 선언하는 것과 동일한 의미가 되었으며, 마스크를 착용하고 사회적 거리 두기를 실천하는 일은 주지사에 대한 정치적 지지의 표시로 간주되기 시작했다. 이것은 개인이 의도적으로 특정한 정치적 입장을 취했는지 여부와는 무관했다.

정치적 요소를 차치하고서라도 마스크의 보호 성능에 대한 인식은 짚고 넘어갈 만하다. 내 '친구'들이 페이스북에 올린 사진들을 예로 들면, 사람들이 전부 마스크를 쓴 채로 서로 2미터보다 훨씬 가까이 서 있는 모습을 자주 보게 된다. 이를 통해 사람들은 사회적 거리 두기 조치에서 권장되는 거리보다 더 밀착해 있는 상황에서 마스크가 갖는 보호 성능을 인정한다는 것을 알 수 있다. 그러한 사진 역시 "우리는 타인을 보호하기 위해 우리의 역할을 다하고 있다"거나 "이 방법이 도움이 될 것이라고 믿는다"라는 메시지를 전달한다. 비록 CDC의 지침은 2미터 거리 두기와 마스크 착용 두 가지를 의미하지만, 사회적 거리 두기가 가능하지 않을 때에도 마스크를 쓰면 안전하다는 이해가 공유된다. 이처럼 인지되는 마스크의 보호 능력은 마스크를 쓴 개인들 사이의 거리를 줄이는 한편 마스크를 쓰지 않은 사람이 있을 경우 물리적 거리를 좀더 두게 한다. 이러한 방식으로, 마스크는 마스크 착용자들이 마스크 미착용자보다 더 큰 위험을 감수할 수 있게 해준다.

하지만 마스크가 위험한 물건이 되는 경우도 있다. 마스크를 사용할 때마다 얼마나 자주 세탁해야 하는지, 오염된 부분과 접촉한 손이 마스크에 닿지는 않았는지 등에 대한 우려가

1부 코로나 마스크의 물질문화와 정치

커진다. 마스크와 관련된 흔한 문제점은 얼굴에서 자꾸 흘러내리는 마스크 위치를 바로잡으면서 내가 언제 손을 씻었는지, 언제 손소독제를 발랐는지 기억해내는 것이다. 이때 마스크의 물질성이 변화한다. 한때 보호 도구였던 것이 잠재적 감염 매개체가 된 것이다. 정리 컨설턴트 곤도 마리에近藤麻理惠가 고안하여 최근 인기를 끈 곤마리 정리법은 사물을 손으로 만져보고 설렘이 느껴지는지 판단하는 것인데, 이와 달리 마스크를 만지는 일은 마스크 착용자가 느끼는 감각과는 무관하게 마스크를 더욱 위험한 물건으로 만든다. 게다가 마스크가 100퍼센트 완벽한 보호 성능을 가진 것이 아니기에 유용하지 않다는 것이 여러 마스크 반대론자들의 주장이기도 하다.

마스크는 우리를 가려주는 역할도 한다. 배트맨, 조로, 론 레인저와 같은 대중문화의 아이콘들은 사람들이 자신을 알아보지 못하도록 마스크를 썼다. 배트맨의 마스크는 얼굴 전체를 가렸고 조로와 론 레인저의 마스크는 눈을 가리고 입은 노출시킨 형태였다. 배트맨의 마스크는 보호용이기도 했지만 조로와 론 레인저의 경우 마스크는 철저히 그들의 정체를 숨기는 용도로 이용되었다. 물론 이 마스크들이 보건용 보호장비로 쓰인 것은 아니다. 이 마스크들은 모두 검은색이었다. 눈으로 감정을 전달할 수는 있지만, 보는 사람 입장에서는 마스크 착용자의 반응을 파악할 실마리가 평상시보다 더 적다. 학계에서 널리 공유된 『뉴욕타임스*The New York Times*』의 한 기사는 흑인 남성이 마스크 착용 의무화 조치에 따라 증가 추세에 있는 인종 프로파일링racial profiling을 얼마나 걱정하는지를 다뤘다. 기사는 다른 집단보다 흑인, 특히나 흑인 남성들은 건강과 안전 중 하나를 선택하도록 강요받는다고 느끼며, 다른 인종의 사람들은 마스크를 쓴 흑인이 "나쁜 짓을 꾸민다"고 쉽게 생각한다는 점을 언급했다. 마스크가 눈이나 코를 가리는지의 여부는, 보는 사람의 인식과 마스크 착용자의 피부색, 체구, 성별로 인해 보는 사람이 갖게 될지도 모르는 인종 프로파일링까지도 바꾼다. 또한 마스크는 착용자가 표정으로 감정을 전달하지 못하게 하는데, 나 역시 마스크를 쓰고 강의를 할 때면 종종 이로 인한 한계를 느끼기도 했다.

따라서 마스크는 법과 개인의 선택, 개인의 보호와 집단의 염려, 숨겨진 정체성과 개인적 정체성의 표출, 권한과 탈권한, 안전과 위험 사이의 좁은 영역 가운데 존재하는 물질문화다. 한편, 우리가 착용한 이후에 이 물건에 어떠한 일이 일어났는지에 대해 짧게라도 논의하지 않은 채 마스크에 대한 논의를 마칠 수는 없다.

마스크 버리기

커뮤니케이션 연구자 크리스틴 해럴드는 쓰레기를 "과잉의 비하적인 표현"이자 자본주의 경제에 만연한 계획적 진부화로 인

[그림 1-3] 길바닥에 버려진 일회용 마스크들. (사진: Eloi_Omella. istockphoto)

해 발생하는 상태라고 말한다.[11] 쓰레기는 소비문화의 증가를 암시하며, 이는 환경에 치명적인 영향을 준다. 2020년 3월에는 마스크가 넘쳐나지 않았기에 일회용 마스크라는 발상은 놀라울 뿐이었다. 공중보건상의 이유로 한 번 사용한 마스크를 버리는 것은 분명 이해할 수 있었지만, 마스크의 양이 너무나 부족하다는 것을 알면서도 그렇게 하는 것은 힘든 일이었다. 그럼에도 나는 2020년 5월에 대형마트인 타깃Target의 주차장에 일회용 마스크가 흩뿌려 버려져 있는 장면을 목격했다. 미시간에서 재활용 수거와 병 반환 등 모든 재활용 작업이 전면 중단된 상태였다. 쓰레기는 쌓여갔으며, 재활용이 불가능한 폐기된 마스크와 장갑의 양은 늘어만 갔다. "공유지의 비극"의 형태로

인간의 건강은 환경의 건강보다 우선시되었다.[12]

코로나 시대의 마스크는 재사용을 하지 말라는 보건 당국의 권고에 따라 지속성이 짧은 특징을 가진다. 일회용 마스크 생산이 수요를 따라잡고 구하기가 쉬워지면서 마스크의 수명 또한 줄어들었다. 이와 관련하여 동네 타깃 마트에서의 경험을 말해보겠다. 2021년 현재 미시간주에서는 거주지를 제외한 모든 실내 공간에서 마스크를 착용해야만 한다. 예를 들어 상점에 들어가기 위해 마스크를 써야 하는 경우에 마스크의 가치는 코로나로부터의 보호와 상점을 나가 달라는 요구를 받지 않을 보호라는 두 가지 보호 기능에서 찾을 수 있다. 하지만 그 가치가 주차장에서는 바로 상실되고 마는데, 실외에서는 더 이상 마스크를 착용할 의무가 없기 때문이다. 야외 주차장에서는 고객으로서 가게에서 나가 달라는 요구를 받을 위험이 사라지고, 코로나에 감염될 위험 또한 현저히 감소하기 때문이다. 마스크를 상점 출입구에 있는 쓰레기통이 아닌 땅에 버리는 행위는 그 보호용 물건의 가치가 상실되었을 뿐만 아니라 얼마나 빠르게 쓸모없어지는지를 잘 보여준다. 쓰레기통에 버릴 가치조차 없게 된 것이다. 땅의 물웅덩이에 일회용 마스크가 버려져 있는 것은 마스크의 목적이 만료되었음을 보여주는 가시적 증거다. 또한 이것은 마스크 착용 의무화에 반대하는 사람들의 의사소통 행위로 볼 수도 있다.

구루이아누와 안드리예프스키크는 『버려진 물건의 사후

　　　　　　　　1부 코로나 마스크의 물질문화와 정치

세계 *The Afterlife of Discarded Objects*』(2019)에서 버려진 물건이 원래의 목적에 따라 다 사용된 이후에 어떻게 "그것 이상의 무엇 something more"이 되는지를 탐구한다. 낡은 티켓 조각이 추억이 되고, 가족들의 물건이 세대를 거쳐 가보가 되고, 버려진 비닐봉지가 장난감 연으로 거듭나는 사례들은 시간이 지나며 물건에 가치가 더해지고 생명력이 생길 수 있음을 보여준다. 버려진 마스크에도 사후 세계가 있을까? 현재의 시점에서는 아니라고 본다. 버려진 마스크는 오염된 것으로 여겨진다. 한쪽에는 착용자의 세균이, 다른 한쪽에는 착용자가 접촉한 다른 사람이나 주변 환경의 세균이 묻어 있다. 다 써버린 코로나 마스크는 공유된 사물로서의 가치가 없다. 공급이 부족했을 때에도 한번 사용된 마스크는 오염되어 아무런 가치도 없는 물건으로 여겨졌다.

이와 달리 천 마스크는 사후 세계를 가질지도 모른다. 나는 내 이웃이 준 반 고흐 마스크를 기념품 상자에 보관할 것인데 그건 선물이자 코로나 팬데믹 시대의 삶에 대한 기억이기 때문이다. 또 천 마스크는 더 이상 마스크가 필요하지 않게 된 후에도 원 사용자가 다른 목적으로 사용할 수도 있는데, 예를 들면 깨지기 쉬운 물건을 싸서 보관하는 데 사용하는 등 원래 목적인 보호 기능을 더 확장시킬 수도 있다.

나가며

7월 초의 어느 오후, 나는 식료품점 주차장에서 차에 앉아 미친 듯이 가방을 뒤졌다. 결국 가방 안의 모든 것을 쏟고 하나씩 살펴봤다. 이런, 내 반 고흐 마스크가 없어졌다. 주기적으로 세탁할 때를 제외하고는 항상 가방 안에 넣어뒀던 물건이다. 한동안 내게는 이 마스크뿐이었는데, 온라인으로 주문했던 마스크는 수개월 동안 배송 지연 상태였고 그런 와중에 이웃으로부터 선물로 받은 유일한 마스크였기 때문이다. 지금 나는 매일 새것을 쓸 만큼 여러 개의 마스크를 갖고 있지만, 나에게는 반 고흐 마스크의 가치가 가장 높다. 반 고흐 마스크를 잃어버리고 느낀 것은 개인보호장비가 없다는 걱정이 아니라 상실의 감정이었다. 이웃이 나를 위해 직접 만들어주고 나와 그녀를 이어주었던 무언가, 그리고 나를 어떤 경험으로 이어준 무언가를 상실한 것이었다.

몇 주 뒤 나는 빨래할 바지들의 주머니를 뒤져 세탁을 망칠 휴지가 있지는 않은지 살펴보고 있었다. 그러다 원피스 주머니에서 꺼내게 된 것은… 반 고흐 마스크였다. 학교 사무실에 쓰고 가서는 차로 돌아오기 전에 인적 없는 캠퍼스를 좀 걷기로 했던 것이 기억났다. 그때 혼자 밖에서 걷다가 마스크를 벗어 주머니에 넣어두었던 것이다. 원피스는 비슷한 색깔의 옷들이 모일 때까지 세탁실에 몇 주간 방치되어 있었다. 그리고 이제 마스크를 찾게 된 것이다. 기뻤다. 마스크가 두려움이나 걱정이 아닌 기쁨을 가져온 건 처음 있는 일이었다.

마스크는 코로나19 시대에 대해 어떤 기억을 불러일으킬까? 의료와 물질문화 박물관의 전시품이 될까? 어떤 새로운 스타일, 디자인, 기술이 몇 주, 몇 달, 몇 년 후에 등장하게 될까? 마스크 품귀 현상을 빚던 2020년 봄과는 달리 이제는 다양한 종류의 개인보호장비가 넘쳐나고 있다. 이 풍요로움이 전염병의 확산을 어떻게 바꿀 것인가? 마스크의 가치는 시간이 지나며 어떻게 변화할 것인가? 아마 물질문화의 짧은 지속성이 갖는 이점 가운데 하나는, 물질적 대상의 의미와 가치가 변화하는 양상을 보면서 이를 통해 문화와 사회를 읽어나갈 수 있다는 점일 것이다.

번역: 김소은, 현재환

2장
코로나 마스크의 다면성*

홍성욱

들어가며

인공물의 역사나 인공물의 사회학을 연구하는 사람은 하나의 인공물이 다른 사람들에 의해 다른 용도로 사용되기도 하며, 다른 의미로 해석될 수 있다는 사실을 잘 알고 있다. 라디오는 독재 정권에 의해서 정권의 정당성을 홍보하고 국민을 세뇌하는 도구로도 사용되지만, 그 정권의 비리를 폭로하고 국민을 각성시키는 비밀무기로도 사용된다. 페이스북과 유튜브 같은

* 이 글은 2020년 7월에 고등과학원이 발행하는 웹진 〈Horizon〉에 실린 글을 확장하고 보완한 것이다. 이후로도 마스크의 효과를 알기 위한 많은 임상 연구들이 수행되었지만, 2020년 7월까지의 기간을 다룬 이 글에는 거의 포함되지 않았다. 마스크의 효과성에 대한 주제는 장하원 박사와 함께 진행하는 필자의 후속 연구에서 보다 심화해 다룰 것이다.

SNS는 정보의 다양성을 증가시켜서 독점적인 미디어의 권위와 역량을 분산시키지만, 듣고 싶은 정보만 듣는 에코 챔버echo chamber 효과와 확증편향을 강화하는 경향도 있다. 사실 이런 논의는 새롭지도 않은 것이, 우리는 이미 "의사의 칼은 사람을 살리지만, 강도의 칼은 사람을 죽인다"와 같은 얘기를 상식처럼 하기 때문이다.

같은 얘기를 마스크에 대해서도 할 수 있다. 2020년 초, 코로나19 팬데믹이 전 세계로 확산하기 시작한 이래, 마스크만큼 세간의 관심이 쏠린 인공물은 찾기 힘들다. 한편에서는 마스크가 개인과 공동체를 보호하는 강력한 수단으로 간주되었지만, 또 다른 한편에서는 내 얼굴을 드러내고 다닐 근본적인 자유를 억압하는 상징물로 간주되었다. 미국과 유럽에서는 마스크를 착용한 동양인들을 공격하는 사례가 잇따랐고, 마스크 의무화를 반대하는 목소리와 집단행동도 불거졌다. 전체적으로 보면 동양 사람들이 마스크를 적극적으로 착용한 데 비해, 서양에서는 (마스크를 자발적으로 착용한 사람들도 꽤 있었지만) 마스크 착용에 대한 반발이 두드러졌다.

이번 장에서는 코로나19 팬데믹 초기에 볼 수 있었던 마스크의 다면성多面性에 대해서 살펴보고자 한다. 이 다면성에는 방역을 위한 용도와 얼굴을 가리는 용도같이 서로 다른 마스크의 용도는 물론, 마스크의 상이한 정치적 의미, 문화적 의미, 도덕적 의미 등이 포함될 것이다. 그리고 이런 다면성이 어떻게 마스크를 둘러싼 논쟁과 혐오를 낳았는지 살펴볼 것이다. 마지막으로 이런 다면성에도 불구하고, 공공장소에서의 마스크 착용에 대한 긍정적인 합의가 서서히 확산하면서 정착하는 과정을 서술할 것이다. 이 과정은 마스크의 의미 변화를 수반하면서 진행되었는데, 이런 변화 역시 마스크의 다면성을 잘 보여주는 또 다른 사례로 이 장의 말미에서 다루고자 한다.

마스크의 정치적 의미

2020년 5월 19일, 당시 미국의 도널드 트럼프Donald Trump 대통령은 미시간주 입실랜티에 위치한 포드 공장을 방문한 뒤에 기자들과 간단한 인터뷰를 했다. 보도된 사진을 보면 마스크를 쓰고 인터뷰하는 기자와 달리 트럼프는 마스크를 착용하지 않고 있었다. 트럼프가 공장을 방문하기 전에 미시간 주지사는 마스크를 쓰는 규정을 준수해달라고 특별히 부탁했지만, 트럼프는 이를 지키지 않았다. 트럼프의 행동이 논란을 불러일으키자 백악관은 트럼프 대통령이 공장에서는 마스크를 쓰고 있었으며 나중에 기자들이 자신의 얼굴을 더 잘 볼 수 있도록 회견 직전에 마스크를 벗은 것이라고 해명했다. 이보다 약 3주 전인 4월 28일에 마이크 펜스Mike Pence 부통령도 코로나19 환자들을 치료 중인 메이요 병원Mayo Clinic을 방문했을 때 혼자서 마스크를 쓰지 않았고 이러한 펜스의 경박한 행동 역시 여론의 호된

[그림 2-1] 2020년 10월 12일, 플로리다주 올랜도 샌퍼드 공항에 마련된 대선 유세장에서 트럼프가 청중을 향해 마스크를 던지고 있다. 이날은 트럼프가 코로나 확진 판정 이후 중단했던 대선 유세를 본격적으로 재개한 날이었다. (사진: AP=연합뉴스)

비판을 받은 바 있다.

트럼프나 펜스 같은 정치인들은 코로나19 팬데믹이 낳은 위기 상황을 두려워하지 않는다는 정치적 이미지를 유권자들에게 심어주기 위해 마스크를 쓰지 않는다. 특히 트럼프는 마스크를 쓰는 행위가 약하고 쉽게 굴복하는 사람들이나 하는 행위라는 메시지를 지속적으로 전달했다. 보통 사람들에게는 위기 상황이 정치인에게는 자신의 이미지를 각인시킬 절호의 기회일 수 있는데, 이는 코로나19 팬데믹에서도 마찬가지였다.

그런데 속내를 들여다보면 좀더 복잡한 패턴을 볼 수 있다. 2020년 4월 초에 이루어진 ABC 뉴스와 입소스Ipsos 조사기관의 합동 조사에 의하면 "지난 일주일 동안 집 밖에 나갈 때 마스크를 썼는가?"라는 질문에 대해서 공화당 지지자들은 47 퍼센트만이 "그렇다"고 답했다. 절반이 넘는 53퍼센트가 마스 크를 쓰지 않았다는 것이다. 반면에 민주당 지지자들은 69퍼 센트가 마스크를 썼다고 대답했고, 마스크를 쓰지 않았다고 한 사람들은 31퍼센트에 불과했다. 마스크 착용에 대해서 공화당 과 민주당 지지자들 사이에는 22퍼센트의 차이가 존재했다.[1] 공공장소에서 마스크를 쓰지 않았던 트럼프와 펜스의 행위는 민주당 지지자들의 강한 비판을 야기했지만, 공화당 지지자들 사이에서는 충분한 동의를 얻고 공감대를 불러일으키면서 이 들을 결속시킬 수 있는 행동으로 비쳤다.

이런 차이는 위험에 대한 인식 차이에서 비롯된다. 인류학 자 메리 더글러스Mary Douglas와 정치학자 에런 윌다브스키Aaron Wildavsky는 특정한 집단을 '위계-평등' 축과 '개인-집단' 축이라 는 두 개의 축을 이용해서 네 가지 부류로 나눴는데, 위계적인 성향이 강한 '위계주의자'와 평등적인 성향이 강한 '평등주의자' 는 위험을 인식하는 데 정반대의 성향을 보인다(그림 2-2). 예 를 들어, 위계주의자는 기후변화나 원자력 발전을 위험하지 않 다고 생각하는 데 반해서, 평등주의자들은 기후변화와 원자력 발전을 매우 위험하다고 생각한다. 위계주의자들은 인간이 자 연의 힘을 통제할 수 있다고 생각하는 반면에, 평등주의자들은 자연의 힘이 매우 강력하다고 생각한다.[2] 위계주의적 성향을

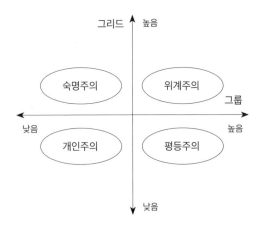

[그림 2-2] 더글러스와 윌다브스키가 분류한 위험 인식을 달리하는 네 가지 집단.

가지고 있는 사람들 중에는 공화당 지지자들이 많고, 평등주의
적 성향은 민주당 지지자들 사이에서 더 많이 나타난다. 정치
적 성향에 토대를 둔 위험에 대한 이런 인식 차이가 시민들의
마스크 착용에 대한 차이를 낳은 중요한 원인이었다.

마스크를 둘러싼 동서양의 차이

독감, 신종플루, 사스SARS, 메르스 같은 심각한 호흡기 감염 질
환의 경우에 마스크 착용에 대한 세계보건기구WHO의 지침은
한결같았다. 환자를 돌보는 의료진들은 의료용 마스크를 착용
하고 한 번 쓴 뒤에는 이를 안전하게 폐기 처분해야 하며, 증상

이 있는 사람들은 집에 있건 외출을 하건 필히 마스크를 착용할 것이 권고되었다. 반면에 건강한 사람들은 외출을 할 때 마스크를 착용할 필요가 없었다. 건강한 사람들이 마스크를 착용할 때는 집이나 공공장소에서 증상이 있는 사람이나 환자를 돌봐야 할 때로 국한되었다. 증상이 있거나 아픈 환자들이 마스크를 쓴다면 세균으로 감염된 대부분의 비말은 환자의 마스크에 의해서 차단될 것이기 때문에 굳이 건강한 사람들이 마스크를 쓸 필요가 없었다. 이런 지침을 조금 확장해보면, 아프지 않으면서 의료용 마스크를 쓰고 거리를 활보하거나 슈퍼마켓에 들어서는 사람들은 의료진에게 돌아가야 하는 마스크를 빼앗은 이기주의자인 셈이었다.

WHO의 지침은 의사, 보건학자, 간호사 같은 의료 전문가에게 광범위하게 공유되었고, 이번 코로나19 팬데믹 초기에도 반복해서 계속 강조되었다. 미국, 캐나다, 유럽 각국은 물론 한국의 의료진들도 이런 관점을 공유했다. 대부분 국가에서 질병관리본부나 보건부는 이런 지침을 하달했고, 사태 초기에 미국과 유럽의 백인들 다수는 이런 지침을 따라서 마스크 없이 생활했다. 그렇지만 코로나바이러스가 처음 발원한 중국의 우한 및 다른 도시의 주민들은 물론 한국과 일본, 타이완 같은 아시아 국가의 시민들은 너도나도 마스크를 착용했다. 미국, 캐나다, 유럽의 각국에 사는 아시아 사람들도 비슷하게 행동했다.

왜 아시아와 아시아 사람들이었을까? 우선 아시아 국가들에서는 이번 코로나 사태 이전에도 마스크를 쓰는 것이 일상적으로 허용되었다는 점을 생각해볼 수 있다. 독감이 유행하면 감기에 걸린 사람들만이 아니라 건강한 사람들도 마스크를 착용했고, 미세먼지가 조금만 심해져도 강력한 필터를 장착한 마스크를 쓰곤 했다. 일본의 경우 2009년에 '신종플루' 사태를 겪으면서 마스크 사용이 급증했다. 당시 몇 달 사이에 마스크 판매량은 평소보다 50배 이상 늘었고, '마스크'라는 단어를 담고 있는 신문 기사 역시 10배 이상 증가했다.[3]

단지 신종플루를 예방하기 위한 목적 때문이라고 보기에는 너무 가파른 증가였다. 일본의 마스크 사용을 분석한 연구자들은, 1990년대 이후의 일본에서 국가나 가족 같은 전통적인 제도들이 개인의 안전하고 안정적인 삶을 보장하는 데 실패하자 일본 시민들, 특히 젊은이들이 자신을 보호할 수 있는 사람은 자기 자신밖에 없다는 극단의 개인주의적 이념을 공유했음을 지적한다. 이런 해석에 의하면 마스크는 근대화를 통해 이룩한 제도가 무력해지면서 시민들이 사회에 대해 성찰한다는 "성찰적 근대화"를 대변하는 상징물이다.[4] 게다가 2011년 후쿠시마 원전 대참사 이후에 일본 국민은 방사능 낙진에서 스스로를 보호하기 위해 마스크를 착용했다. 이로써 2009년에 급증했던 마스크 사용이 2011년에 다시 탄력을 받아 뛰어올랐고, 이 증가세는 코로나19 팬데믹까지 이어졌다. 일본의 개인용 마스크 생산은 2011년에 5억 장에서 2018년에는 44억 장으로 이미

9배 가까이 증가했던 상태였다.

한편 마스크 사용이 증가하면서 새로운 경향이 나타났는데, 젊은이들이 수술용 마스크를 '패션'으로 사용하기 시작한 것이다. 2012년 초, 일본의 한 TV 방송에서는 젊은 여성들이 패션 마스크를 착용하는 사례가 늘었다고 보도하면서, 질병이 없음에도 마스크를 착용한 여성들을 인터뷰해서 그 이유를 들어보았다.

1. 화장하지 않아 얼굴을 숨기고 싶어서.
2. 얼굴을 따뜻하게 유지하기 위해.
3. 얼굴이 작아 보이고 싶어서.
4. 편안해서.
5. 잠잘 때 목이 마르지 않게 하려고.

이 외에도 군중 속에서 자신의 참모습이 드러나는 게 두려워서 마스크를 착용하거나, 눈만 내놓음으로써 신비스러운 분위기를 자아내려고 마스크를 착용한다는 응답도 있었다. 바이러스와 방사능에서 스스로를 지키는 '자기 보호'의 필요성 때문에 마스크 사용이 증가했지만, 마스크라는 개체 수가 급증하면서 '패션'이라는 엉뚱한 니치niche, 즉 틈새가 생겨난 것이다.[5]

한국의 경우 특히 연예인들이 평상시 마스크를 착용하는 경우가 많았고, 이는 젊은 층에게 영향을 미쳤다. 한국의 젊은 여성도 화장하지 않았을 때나 주목의 대상이 되는 것을 원치 않을 때 일상적으로 마스크를 착용했다. 그러나 일본과 달랐던 부분은 미세먼지였다. 2013년에 WHO가 미세먼지를 1급 발암물질로 지정한 뒤에, 한국의 공기는 신종플루바이러스보다 더 두려운 존재가 되었다. 미세먼지가 심했을 때 시민 중 상당수는 길을 걷거나, 출근할 때, 야외 활동을 할 때 강력한 필터를 장착한 KF 마스크를 착용했다. 2013~14년에 한국 국민의 35~40퍼센트가 미세먼지나 자외선을 차단하기 위해 주 1~2회 마스크를 썼고, 이때 KF94와 같은 강력한 필터를 장착한 마스크가 널리 사용되기 시작했다. 이런 마스크 착용은 내가 나 자신과 가족의 건강을 보호하겠다는 결심의 뜻으로 읽혔다. 미세먼지 마스크의 효용에 대한 논란은 있었지만, 마스크를 쓰지 않은 사람들이 마스크 착용자를 비판하거나 조롱한 적은 거의 없었다.

다른 아시아 국가들도 급속한 산업화를 거치면서 대기오염이 심각해지자 점점 더 많은 시민들이 일상적으로 마스크를 사용하기 시작했다. 이렇게 팬데믹 이전 10여 년간 얼굴을 가리는 행위의 부정적인 의미가 거의 사라진 상황에서 코로나19 사태가 발발했던 것이다. 이 상황에서 마스크를 쓴다는 것은 내가 아프거나 기침이 심하기 때문이 아니라, 몸에 해로운 환경으로부터 스스로를 보호한다는 의미로 받아들여졌다.

반면에 서양에서는 얼굴을 가린다는 것이 훨씬 더 부정적이고 심지어 "공격적인" 의미를 가지고 있었다. 이탈리아에서는 1970년대에 이미 신원을 확인하기 힘든 의복 착용을 금지하는 법안이 통과되었다. 프랑스는 2004년에 학교에서 얼굴을 가리는 스카프를 착용하는 것을 금했고, 프랑스를 비롯한 유럽의 여러 나라들과 캐나다에서는 2011년 이후에 공공장소에서 이슬람 여성들이 얼굴을 가리는 니캅이나 부르카를 쓰는 것을 금지했다. 최근에는 이런 "부르카 금지Burqa Bans"가 다른 방법으로 얼굴을 가리는 행위로까지 확대되었다. 이 조치는 "누구도 공공 공간에서 얼굴을 가리는 역할을 하는 의복의 품목을 착용할 수 없다"는 뜻을 담고 있었다. 프랑스의 경우 이 법안이 표적으로 하고 있는 건 격렬한 시위에 복면을 하고 참여하는 시민들이었지만, 법안을 설명한 문구는 민주적 토론이 이루어지는 공공 공간에서 서로 얼굴을 드러내야 한다는 서구 사회의 임묵적인 진통을 나타내고 있었다. 2011년 통과된 "공공장소에서 얼굴 가리기 금지 법"을 설명한 문구의 일부는 다음과 같다. "얼굴을 가리는 것은 사회생활의 최소 요구를 침해하는 것이다. 이것은 프랑스 공화국이 확인한 자유, 평등, 인간 존엄의 원리와 대척되는 고립과 열세의 상황 속에 사람을 밀어 넣는 것이다. 공화국은 얼굴을 드러낸 채 살아왔다."

이탈리아의 마르크스주의 철학자 조르조 아감벤은 서구 사회에서 얼굴의 중요성을 다음과 같이 지적한다.

얼굴은 가장 인간적인 장소다. 인간은 단순히 짐승의 주둥이나 사물의 앞면이 아닌 얼굴을 갖는다. 얼굴은 가장 개방성이 있는 장소다. 얼굴을 통해 자신을 드러내고 의사소통을 나눈다. 이것이 얼굴이 정치적인 이유다. 지금의 비정치적인 시대는 진짜 얼굴을 보고 싶어하지 않고 멀리 떨어져 가면으로 얼굴을 가린다. 더는 얼굴이 없어야 하고, 숫자와 수치만 있어야 한다. 독재자도 얼굴이 없다. […] 얼굴이 표현하는 바는 누군가의 고유한 마음의 상태일 뿐만 아니라 인간 존재의 '개방성'과 의도적 노출 그리고 다른 이와의 소통이다. 이것이 얼굴이 정치의 장소인 이유다. […] 얼굴을, 서로를 마주 보는 것은 서로를 인지하고, 서로를 향해 열정을 쏟으며, 유사성과 다양성, 거리와 근접성을 인식하는 것이다.[6]

아감벤은 "마스크로 덮고, 시민의 얼굴을 가리기로 결정한 국가는 정치를 스스로 없애버린 셈"이라고 비판한다. 흥미로운 사실은 서구 사회에서 트럼프 같은 우파나 아감벤 같은 좌파 모두 마스크를 강요하는 것을 정치적 이유에서 비판한다는 것이다.

마스크가 낳은 문화 전쟁과 물리적 공격

이러한 인식은 "얼굴은 곧 정치다"라는 주장을 한 들뢰즈Gilles Deleuze와 가타리Félix Guattari의 철학으로 설명될 수 있다. 들뢰즈와 가타리는 『천 개의 고원A Thousand Plateaus』에서 백인의 얼굴과는 다른 얼굴 특성을 기이한 것으로 치부하는 행위에서 인종차별주의의 시동이 걸린다고 지적하면서, 이런 주장을 "얼굴성 faciality"이라는 개념으로 축약했다.[7] 『얼굴의 정치학Face Politics』의 저자 제니 에드킨스Jenny Edkins는 들뢰즈와 가타리의 철학을 토대로 해서 서양의 전통 속에서 얼굴이 주체성과 인성은 물론 정치적 권력이 작동하는 인터페이스임을 설득력 있게 보였다. 그녀는 초점 없는 눈을 한 병사의 얼굴을 찍은 사진 한 장이 사회적 논쟁을 불러일으켰음을 보여주면서, 이 논쟁의 원인이 사진으로 찍힌 얼굴과 병사가 가졌다고 생각되던 얼굴—용감한 표정과 살아 있는 눈빛—이 너무 동떨어졌기 때문이라고 설명했다.[8]

서구 사회의 얼굴성의 역사적 뿌리는, 들뢰즈와 가타리가 잘 지적했듯이, 백인우월주의다. 얼굴과 피부색을 보고 그 사람이 백인인지 무슬림인지, 백인이면 우리와 얼마나 가까운 백인인지를 구분하려는 정치적 갈라치기다. 그리고 이런 백인우월주의적인 얼굴성의 기저에는 얼굴을 보면 그 사람의 본성을 알수 있다는 가정이 존재한다. 서양인들에게 얼굴을 가리는 행위가 자신이 누구인지 밝히기를 두려워하는 자의 행위, 소통을 거부하는 행위, 자신의 존재를 감추면서 타인을 관찰하는 타자의 위협적인 행위로 해석될 수 있다는 것이다. 유럽의 공화국이 백인 남성 시민의 공화국이었다는 비판이 있듯이, 공화국이 드러낸 얼굴은 (이제는 여성까지 포함한) 백인의 얼굴이었던 것이다.

2020년 이전에는 일본의 젊은이들 사이에서 마스크가 일종의 패션으로 사리 잡았다는 얘기가 재미있는 가십거리에 불과했다. 그러나 코로나19 팬데믹 시기에는 이런 문화적 차이가 크고 작은 사건과 인종차별적인 충돌을 낳기에 충분한 뇌관이 되었다. 미국에서는 경찰이 마스크를 착용하지 않은 유색인들에게 부적절한 언행으로 경고를 하거나 체포를 하는 일이 빈번하게 일어났다. 캐나다 몬트리올에서는 병원에 출입하는 사람들에게 의무적으로 면 마스크를 쓰도록 강제했지만, 니캅을 쓴 무슬림 여성은 병원 출입을 못 하게 막은 사건도 있었다. 백인 경찰의 눈에 니캅은 마스크가 아니라 금지된 종교적 의상일 뿐이었다. 밴쿠버에서는 백인 남성이 마스크를 쓴 동양인 여성들을 연쇄적으로 폭행한 사건이 있었다. 폭행을 당한 여성들은 자신이 동양인이고 마스크를 썼기 때문에 폭행의 대상이 되었다고 진술했다. 영국의 도시에서도 마스크를 쓰고 거리를 걷던 아시아인들이 따가운 눈총이나 욕설, 폭력의 대상이 되는 경우가 다수 발생했다. 영국에서 유학하던 중국 학생들을 대상으로 이루어진 폭력적인 공격을 연구한 사회학자 후앙Yinxuan Huang은 공격을 당한 중국 학생들이 모두 당시에 마스크를 착용하고 있었다는 점에 주목해서, 이런 신종 인종차별주의에 "마스크혐오maskphobia"라는 이름을 붙였다.[9] 마스크는 공격의 대상을 확실히 구별하게 해주었을 뿐만 아니라, 일부 서양인들에게 이를 착용한 동양인들이 서양인인 '우리'와는 다른 사람이라는 확신을 심어준 징표였다.

마스크의 효능에 대한 논쟁

미세먼지에 익숙해진 한국 시민들이 점점 더 뜸하게 마스크를 착용하던 시점에 코로나바이러스가 급습했다. 2020년 1월, 적지 않은 가정에는 미세먼지용으로 구입했다가 남은 마스크가 여러 장씩 있었다. 초유의 코로나19 팬데믹을 맞아 마스크는 개개인이 바이러스를 막을 수 있는 강력한 방패로 인식되었다. 문제는 이것이 얼마큼 믿을 만했느냐는 것이다. 2020년 1월 29일, 식품의약품안전처(이하 식약처) 처장은 마스크 생산업체를 점검하고 방문하는 자리에서 "코로나바이러스 감염 예방에 'KF94' 'KF99' 마스크를 쓰라"고 강조했다. 그런데 이런 지침은 당시 WHO나 국내 질병관리본부의 지침과 큰 차이가 있었다. 2월 10일에 발표된 질병관리본부의 지침에 따른 감염병 예방수칙에는 "기침 등 호흡기 증상 시 마스크 착용하기"만 명시되어 있었다. 즉 질병관리본부는 증상이 있는 사람만이 마스크를 착용하고 건강한 사람은 마스크를 착용할 필요가 없다는 WHO

의 가이드라인을 반복했지만, 식약처장은 예방을 위해 마스크를 쓰라고 지시했던 것이다.

당시 이런 혼란은 하루가 멀다 하고 계속되었고, 혼란스러운 것은 한국만이 아니었다. 2020년 2월 29일 미국의 공중보건국장 제롬 애덤스Jerome Adams는 마스크로 코로나를 예방한다는 것은 근거 없는 얘기라고 하면서 건강한 사람들에게 마스크를 사지 말라고 재차 당부했다. 심지어 그는 마스크를 잘못 사용할 경우 코로나에 더 쉽게 걸릴 수도 있다고 경고했다. 애덤스의 당부와 경고는 당시 WHO의 가이드라인에 따른 것이었다. 이런 미국의 뉴스는 국내 언론을 통해 보도되어 다시 사람들을 혼란에 빠뜨렸다. 전반적으로 당시 한국의 질병관리본부나 의료기관들은 환자와 접촉하는 의사가 아닌 일반 시민의 경우에는 마스크 착용이 필요 없다는 WHO의 가이드라인을 반복했고, 개별 전문가들 중에는 마스크 착용을 권고하는 사람들이 독자적인 목소리를 내곤 했다.

혼란이 계속되자 국내의 한 언론은 아예 '마스크 착용 알고리즘'이라는 것을 발표해서 언제 어떤 마스크를 써야 하는지를 일목요연하게 제시하기도 했다. 알고리즘은 1) 기저질환이 있거나 건강 취약 계층의 경우에는 (일상에서도) 마스크를 착용하고, 그렇지 않더라도 2) 밀폐된 공간에서 2미터 이내의 다른 사람과 접촉하는 경우에는 KF80 정도의 마스크를 착용하라고 권고했다.[10] 이에 따르면 증상이 없는 사람들 중 일부에게도 마스크 착용이 권장되는 셈이었는데, 이는 WHO 지침에는 등장하지 않은 것이었다.

당시 시민들은 출퇴근을 할 때는 물론, 쇼핑을 하거나 거리를 걸어갈 때, 심지어 산책을 할 때에도 마스크를 하곤 했다. 그렇다면 위의 알고리즘은 시민들의 일상을 반영한 것이었다. 그런데 이런 마스크 착용은 일부 의료 전문가들에게는 도무지 이해가 안 되는 것이었다. 미세먼지와 관련해서도 마스크 사용의 자제를 권고했던 아주대학교 장재연 예방의학과 교수는 일상생활에서 전염력이 있는 확진자를 대면할 확률이 극히 적음을 지적하면서, 코로나바이러스를 막기 위해서 마스크를 사재기하는 당시 상황을 놓고 "마스크 착용에 대한 맹신은 주술이나 부적에 가깝다"며 이를 강하게 비판했다.[11]

한국의 경우 정부의 공식 입장과 무관하게 시민들은 여러 가지 경로를 통해 마스크를 수매했고, 수요가 공급을 넘어서자 곧 '마스크 대란'이 왔다. 대통령은 마스크 수급을 원활하게 하지 못했다는 이유로 관련자들을 질책하고, 24시간 공장을 가동시켜서라도 마스크를 시중에 공급하라고 명령했다. "공적 마스크 5부제"가 이렇게 등장했다. 그러나 마스크를 사기 위해 오랫동안 줄을 섰지만 구입하지 못하고 허탕을 쳤다는 등 불만이 쏟아졌다. 이렇게 국민들이 코로나 위기 속에서 마스크에 '집착'하는 장면은 외신의 보도거리가 되기도 했다.[12] 정부는 KF94 마스크를 의료진에게 양보하고 천 마스크를 쓰라는 운동을 벌

1부 코로나 마스크의 물질문화와 정치

[그림 2-3] 2020년 3월 3일, 광주역에서 '공적 마스크'를 사기 위해 시민들이
긴 줄을 서고 있다. (사진: 연합뉴스)

였고, 문재인 대통령도 한때 노란 천 마스크를 쓰고 회의에 참
석했다. 그렇지만 미세먼지용 마스크를 대량 생산하던 한국의
사정은 외국에 비하면 훨씬 양호한 편이었다. 마스크 수급난은
2020년 5월 생산 공장이 늘어나면서 점차 가라앉았다.

무증상 감염과 마스크

마스크에 대한 집착은 바이러스의 공포가 낳은 집단 패닉의
일면에 불과한 것일까? 2020년 1월 하순에 우한의 감염 사례

에 대한 분석은 상당수의 감염자가 '무증상 감염자asymptomatic carrier'일 수 있다는 가능성을 제시했다. 이는 당시까지의 호흡기 감염병의 연구와 상치되는 결과였고, 따라서 의료기관이나 연구자들에 의해서 즉각적으로 수용되지 않았다. 그 이유 중 하나는 무증상 환자라고 간주된 사람들이 실제로는 증상이 아주 약한 잠복기 환자일 수 있었기 때문이다. 특히 코로나19의 경우 잠복기가 최대 14일이나 되었기 때문에, 잠복기의 마지막 기간 중에 증상을 느끼지 못하면서 병을 전염시킬 가능성이 다분했다. 그렇지만 잠복기 감염 외에 진짜 무증상 감염이 실제로 존재한다는 견해 역시 꾸준히 제시되었다. 국내에서는 3월 초에 세 명의 무증상 감염자의 사례가 확인되면서 이 문제가 다시 크게 부각되었다. 이후 무증상 감염은 코로나19의 가장 독특한 특성임이 여러 환자들의 사례를 통해서 계속 확인되었다.

무증상 감염자가 전체 감염자의 몇 퍼센트인지, 이들의 감염력이 얼마나 큰지는 계속 논쟁의 대상이었다. 2020년 3월 31일에 미국 질병관리본부 소장인 로버트 레드필드Robert Redfield는 전체 감염자의 25퍼센트가 무증상이라고 발표했다. 4월 초에 이루어진 한 분석에서는 무증상 감염자를 전체 감염자의 5퍼센트에서 80퍼센트 사이로 잡고 있었고, 뉴욕의 한 병원에서 이루어진 검사 결과는 심지어 88퍼센트의 환자가 무증상 감염자라고 보도되기도 했다.[13] 국내에서도 집단에 따라 8퍼센트에서 36퍼센트의 무증상 감염 비율이 나타났다. 이런 큰 편차는 당시 무증상 감염에 대한 우리의 지식이나 이해가 충분치 않았음을 보여준다.

그렇지만 한 가지 확실한 것은 무증상 감염이 확실히 존재하는 것으로 드러나면서, 마스크 사용의 유효성과 의미가 바뀌었다는 사실이다. 무증상 감염자가 많다면, 건강한 사람도 마스크를 쓰는 것이 전염병의 확산 속도를 늦추는 데 도움이 될 것이기 때문이었다. 버밍엄 대학교의 보건학연구소 소장인 쳉 K. K. Cheng 박사는 코로나19 팬데믹의 초기부터 계속해서 마스크의 사용을 강조했던 사람이다. 그는 무증상 감염의 존재가 거의 확실하게 밝혀진 2020년 4월, 마스크가 이제 개인의 이기심을 상징하는 것이 아니라, 연대와 이타심을 상징하는 것으로 그 의미가 바뀌었음을 강조했다. 증상이 없는 내가 마스크를 쓰는 이유는 나를 보호하기 위해서라기보다, 내가 무증상 감염자일 수 있고 따라서 혹시라도 있을 수 있는 무증상 감염원으로부터 공동체를 보호하기 위한 것으로 해석될 수 있었다.[14] 한국의 경우 공공장소에서 마스크를 쓴 사람이 아니라 마스크를 쓰지 않은 사람들이 눈총의 대상이 되었는데, 그 이유는 마스크 미착용자들이 이기적인 사람들이라고 간주되었기 때문이다.[15] 이렇게 해서 서양에서는 이기적이었던 행위가 동양에서는 이타적인 행위로 그 자리를 바꾸었다.

2020년 6월 5일, WHO가 가이드라인을 바꿔서 건강한 사람도 사람이 밀집한 대중교통, 상점, 그 외의 다른 복잡한 공공장소에서 모두 마스크를 쓰라고 권고하면서, 각국 정부에 이를 홍보해달라고 공표했다. 호흡기 감염병과 관련해서 마스크 사용의 가이드라인이 최초로 바뀐 것이다.[16] 비슷한 시기에 『뉴욕 타임스』는 일본에서 코로나 감염이 잘 통제된 원인으로 시민들 대다수가 마스크를 썼다는 사실을 꼽았다.[17] 코로나 위기의 초기부터 동아시아 시민들은 대부분 보이지 않는 바이러스로부터 스스로를 보호하기 위해 마스크를 사용했다. 비록 처음부터 이들이 공동체와 타인을 생각하는 이타적인 마음에서 마스크를 쓴 것은 아니지만, 무증상 감염이 가정에서 현실로 바뀌면서 마스크는 연대와 이타심의 상징, 동양적인 미덕을 담은 인공물, 그리고 성공적인 방역의 도구로 새롭게 평가되기 시작했다. 이렇게 재평가가 이루어지자 서구 사회에서도 마스크를 점점 더 널리 사용하기 시작했고, 많은 나라에서 공공장소에서의 마스크 착용을 의무화했다.

한국을 비롯한 여러 나라가 마스크 착용을 의무화하면서, 점점 더 많은 사람들이 팬데믹 동안 마스크를 착용했다. 시간이 지나면서 마스크가 코로나바이러스를 얼마큼 막아줄 수 있는지, 팬데믹의 확산을 얼마나 늦출 수 있는지에 대한 연구들이 발표되었는데, 이런 결과에서 나타난 마스크의 효과는 우리가 상상했던 것과 달랐다. 예를 들어 한 연구는 마스크를 사용하는 것이 그렇지 않은 것과 비교했을 때 감염의 확산을 막는데 9퍼센트 정도 더 효과적이라고 발표했다. 그렇지만 이보다 더 효과가 있다는 연구도, 더 적은 효과가 있다는 연구도 있었다. 마스크 효과에 대해서 임상시험을 할 수 없기 때문에, 여러 경험적인 데이터를 비교한 연구의 편차는 클 수밖에 없었다.

오미크론 변이가 등장한 뒤에는 '마스크 무용론'까지 나왔다. 전 국민이 과거와 똑같이 마스크를 쓰고 있는데도, 하루 30만 명의 확진자가 나왔기 때문이다. 그렇지만 이때도 마스크를 쓰지 않으면 이보다 확산세가 더 커질 수 있다는 주장은 얼마든지 가능했다. 우리가 실외에서 마스크를 벗기 시작한 시점에도, 실외에서의 마스크 착용과 미착용 사이에 감염 확산에 어떤 차이가 있는지에 대한 정량적 분석은 존재하지 않았다. 어림짐작한 추정치 외에, 정확한 수치는 존재할 수도 없었기 때문이다.

우리는 지금도 나를 보호하기 위해서, 무증상자로부터 감염이 확산되는 것을 막기 위해서 마스크를 쓰고 있다. 팬데믹의 끝은 바이러스가 사라져서도 아니고, 모든 사람이 면역을 가져서도 아니다. 팬데믹은 진화의 법칙에 따라 바이러스가 약해지고 우리가 적절한 면역력을 가지는 시기가 될 때, "이제 팬데믹이 끝났다고 하자"는 사회적 합의로 이루어진다. 팬데믹의 종식에 대한 사회적 합의가 이루어지면, 더는 마스크를 쓰지 않을 것이다. 아니, 거꾸로, 더는 마스크를 쓰지 않는다면, 마스크에 지치고 마스크를 거부한다면, 팬데믹의 종식을 선언할 때가 되는 것이다.

3장
마스크의 시간: 마스크를 통해 다시 본 코로나 경험

금현아, 섀로나 펄, 스콧 놀스, 트리디베시 데이*

우리는 이제 코로나 "이전"과 "이후"로 삶을 기록한다. 국경이 닫히기 전으로, 백신이 보급되기 전으로, 그리고 오미크론 Omicron 변이가 확산된 후로. 우리는 이 순간들을 질병과 재난으로 점철해왔다. 몇 개월일 것이라 예상했지만 몇 년이 되어버린 이 시간을 마스크를 착용하는 행위로 그려 본다는 것은 무

* 네 명의 필자는 코로나19 팬데믹을 한국, 미국, 인도에서 경험한 연구자들이다. 코로나19 시기에 마스크가 생명과 안전을 지켜주는 물질인 동시에 폐기물이자 환경오염물질로 작동하는 것에 관해 여러 국가의 상황을 되짚어봄으로써 마스크 폐기물의 초국경적 특성에 대해 논의해보고자 했다. 이 글은 네 명의 필자가 2022년 1월에 여러 번의 화상회의를 통해 나눈 생각을 바탕으로 구성되었으며, 각자 영어로 작업한 뒤에 최종 결과물을 필자 중 한 명인 금현아가 한국어로 번역했다.

1부 코로나 마스크의 물질문화와 정치

슨 의미일까? 마스크는 물질적 실체인 동시에 사회의 기풍ethos 을 나타내는데, 이 둘은 계속해서 변화하며 전개되고 있다. 마스크의 기능 뒤에는 생산이 있다. 즉, 원료를 확보하고 마스크를 만들어 대량으로 판매하는 것이다. 하지만 "마스크의 시간"이 항상 이러했던 것은 아니다.

2020년 이전에 마스크를 쓴 사람을 생각해보라고 했다면 대개는 일터에서의 모습을 떠올렸을 것이다. 아픈 환자가 있는 곳, 위험한 화학물질이 있는 곳, 최첨단 기술 장비가 들어선 무균실 같은 곳의 실무자들이 마스크를 쓰고 있는 모습을 상상했을 것이다. 마스크의 종류에 대해서 잘 알고 있는 경우가 아니라면 각기 다른 마스크 착용의 모습들과 그에 걸맞은 마스크의 종류를 연결시키기는 쉽지 않을 것이다. 이외에도 마스크화된 삶masked life은 1918년 인플루엔자 대유행 당시에 감염을 막기 위해 마스크를 착용한 간호사들의 모습, 전쟁이나 재난 중 죽은 이들을 다루는 사람들이 시체의 악취를 막기 위해 마스크를 착용한 모습 등 역사적 장면을 담은 사진 몇몇에서 드물게 발견되기도 한다. 이보다 훨씬 최근에 이르러서야, 그것도 한국이나 일본 같은 몇몇 국가에서만 우리는 많은 사람들이 미세먼지와 같은 도시의 오염이나 황사 등 계절성 대기오염으로부터 자신을 보호하기 위해 마스크를 쓰고 있는 모습을 보게 되었다.

코로나19 팬데믹은 전 세계적인 마스크 착용 문화를 낳았다. 착용의 이유는 다양했다. 건강을 지키기 위해서, 법을 준수하기 위해서, 사회적 기대에 부응하기 위해서. 마스크는 공동체가 다 같이 착용하는 경우, 그리고 여러 가지 물리적 거리 두기 조치들이 함께 실행되는 경우에 비말 감염 확률을 낮추는 데 효과적이라고 알려져 있다.[1] 몇몇 나라는 공공장소에서의 마스크 착용 의무화를 논란 끝에 폐지하거나 애초에 시행하지 않은 반면,[2] 어떤 나라는 마스크 착용을 팬데믹 거버넌스의 핵심 수단으로 포함시켰다.[3]

마스크 착용 의무 여부를 차치하더라도, 마스크 착용이 전 세계 수억 명의 사람들에게 일상이 된 적은 처음일 것이다. 하지만 이렇게 마스크 착용이라는 일면 보편적으로 보이는 행위 뒤에는 수많은 지역적인 실천과 세부적인 코로나의 역사의 면면이 가려져 있다. 코로나에 대항하는 방식으로서의 마스크 착용은 연대, 장인정신, 혐오, 시위, 심지어 폭력에 이르기까지 사람들이 마스크를 둘러싸고 하는 실행만큼이나 다양한 방식으로 작동해왔다. 이러한 맥락에서 이 글은 팬데믹의 지역적 맥락을 되살려보기 위해 "마스크화된 시간"이라는 시기 구분을 사용한다. 특히 필자들이 생활하고 있는 동아시아, 남아시아, 그리고 북아메리카 지역의 마스크 착용 문화를 비교하는 데 있어 세 개의 시기, 즉 "이해하는" 단계(2020년 1~3월), "코로나 팬데믹 거버넌스" 단계(2020년 4월~2021년 5월), "델타-오미크론 변이 확산" 단계(2021년 6월~2022년 2월)로 구분 짓는다.

특히 필자들은 물질성과 문화적 실행을 들여다보기 위해

코로나19 확진자 추이와 사망자 공식 통계 분석에 의존하기보다는 초국가적 비교를 제안하고자 한다. 이런 수치는 종종 오해를 불러일으키기 때문이다. 코로나19는 질병과 죽음으로만 이해되곤 하지만, 달라진 일상을 살아내기 위한 새로운 실행과 상호작용으로 가득 차 있기도 하다. 어디에나 있지만 동시에 특정한 맥락에 놓여 있는 도구인 마스크를 통해 코로나19를 바라본다면, 시간과 삶을 재구성한 재난으로 이해해볼 수도 있을 것이다.

"이해하는" 단계에서의 마스크들

코로나 초기 미국에서는, 즉 마스크의 존재가 시기를 구분 짓는 중요한 요소가 되기 시작한 때에, 마스크를 둘러싼 생각들은 아직도 "이전"에 머물러 있었다. 온갖 소문과 소곤거림이 난무함에 따라 병원의 환자들은 불안해하기 시작했지만, 우리는 마스크를 아직도 특정 지역이나 시대의 복장costume, 운동 경기, 발각되지 않으려는 범죄자들과 연관 짓고 있었다. 그때도 지금처럼 마스크는 보호에 관한 것이었지만, 그 보호는 마스크를 착용하는 개인만을 위한 것이었다.

　머지않아 미국 여러 도시의 병원에서는 마스크를 포함한 개인보호장비PPE들이 바닥나기 시작했다. 그제야 "이전"이 "지금"이 되었고, 위기에 대처하는 능력이 턱없이 부족했음이 드러났다. 민간 공급 사슬과 수요-공급의 작동 방식에 의존하게 된 상황은 마스크의 유용성을 두고 큰 간극이 존재했음을 뜻했다. 다시 말해, 미국인들은 마스크가 일상적 사물이 되리라고는 단 한 번도 생각해보지 못한 것이다. 마스크의 생산이 수요를 따라잡기까지는 상당한 시간이 걸렸다. 얼마 동안은 사람들이 옷장에 처박아 두었던 오래된 마스크를 꺼내 쓰기도 했다. 이런 진귀한 발견에는 할증premium이 붙었다. 필자 새로나 펄은 마스크를 구할 별다른 방법이 없던 외과의사 친구에게 그 마스크를 주었다. 확실히 펄보다는 그가 코로나의 위험과 더 가까웠던 만큼 마스크가 더 필요했다. 하지만 두 사람이 받은 충격은 비슷했을 것이다. 지하 창고에서 발굴하다시피 한 마스크가 어쩌다 의사와 질병 사이에 놓였단 말인가? 동떨어진 것처럼 들릴지 모르지만, 다음 이야기에 대해서도 생각해보자. 팬데믹 초기에 큰 타격을 입은 뉴욕시에서 마스크가 간절히 필요했을 때, 패션 디자이너 크리스티안 시리아노Christian Siriano가 시장에게 트윗을 보내 (팬데믹으로 인해 한가해진) 공장을 마스크 생산 아틀리에로 바꾸겠다고 제안했다는 사실을 어떻게 받아들여야 할까? 그의 결단은 자비로울 뿐 아니라 대책 마련을 위한 최선의 조치였다. 시리아노는 마스크 제조에 있어서 이미 관련 기술을 보유하고 있었거나 그런 기술을 개발하고 싶은 사람들에게 본보기가 되었다. 마스크 시기 구분의 첫 단계에서 미국인들은, 당연하다는 듯 그러한 행동을 해나갔다. 미국인들은 마스크를 만들었다. 하지만 자본주의는 너무도 견고하고 전략적이어서, 대략 두 달도 안 되어 알록달록하고 다양한 천 마스크가 지역 체인점 및 약국에서 판매되기 시작했다.

돌이켜 생각해보면, 그 무렵은 집에서 무언가를 만드는 활동에 대한 관심이 널리 퍼지던 시기였다. 사람들은 잠자고 있던 재봉틀을 꺼내어 비단 자신뿐만 아니라 적절한 기술이나 자원이 없는 다른 이들을 위해 천 마스크를 만들기 시작했다. 마스크 제작을 위한 가이드는 여러 경로를 통해 퍼지기 시작했으며 온라인에서도 쉽게 찾아볼 수 있게 되었다. 그중에는 재봉틀은 고사하고, 바느질 솜씨가 전혀 없는 사람들도 티셔츠를 특정한 방식으로 접어 삼중 구조의 마스크를 손수 만들 수 있는 방법도 있었다. 사람들은 천 쪼가리나 오래된 옷 등을 구하러 다녔다. 이러한 움직임은 어찌 보면 재사용과 재활용의 순간이었다. 한편으로는 슈퍼마켓 공급망이 겪고 있는 어려움과 연결된 흐름이자, 다른 한편으로는 사람들이 집에 머무는 시간이 길어지면서 무언가 할 일을 필요로 함을 보여주는 것이었으며, 이러한 시간을 살아내고 기록하는 데 있어 어떤 것이 가치 있는 것으로 여겨져야 하는지를 두고 새롭게 부상한 요구들을 나타내는 것이기도 했다.

특권층 미국인들은 가내 예술의 가치를 재발견했다. 타라 리스-마리뇨Tara Liss-Mariño가 주장했듯이 "DIY(do-it-yourself)" 마스크 생산은 자원과 선택지가 없기에 하는 사람들과 단지 여가 활동이나 기분전환용으로 무언가를 만들고자 하는 사람들이라는 두 부류에 의해 행해졌다고 볼 수 있다. 팬데믹 초기에는 사람들이 집에서 더 많은 시간을 머물며 주의를 돌릴 무언가를 찾고 있었다. 이 시기에는 수많은 사람들이 평소의 식단이나 생필품을 갖추지 못한 채 집에 있었다. 가끔은 집 밖으로 나가고 싶어도 최대한 안전하게 집에 머물렀다. 이러한 사람들이 빵 굽기, 식사 준비하기, 바느질로 마스크 만들기 등을 하게 된 것이다.

인도 정부는 코로나19의 첫번째 대유행 동안 시행한 매우 엄격한 국경 봉쇄lockdown의 여파로 인해 대규모 폐쇄closures는 현실적인 공중보건 대응책이 아님을 깨달았다. 중소 규모 산업들은 계속되어야만 했고, 수많은 노동자 계층 역시 기본적인 생활을 위해 돈을 벌어야 했기 때문이다. 그리하여 대부분의 공공장소들은 시민들에게 개방되었지만 감염 확산을 줄이는 책임은 결정적으로 개개인의 몫으로 남겨졌다. 이러한 공중보건 대응책에서 마스크는 중요한 도구가 되었다.

한편, (필자 트리디베시 데이가 첫번째와 두번째 대유행 시기를 살아냈던 곳인) 영국 정부는 시민들을 집에 머물게 하는 것을 코로나바이러스로부터 생명을 구하고, 또한 공공의료 서비스인 NHS(National Health Service)를 보호하기 위한 최선의 공중보건 대응책으로 여겼다. 마스크 착용은 공중 의무사항으로 간주되지 않았는데, 이제껏 영국 시민들의 삶에서 마스크가 사용된 적이 거의 없었던 만큼 물량이 부족했기 때문이다. 하지만 코로나 확진자와 가장 가까이에서 일하고 있는 의료인들조차 국민건강보험으로부터 마스크를 비롯한 개인보호장비를 제대로 공급받지 못하자, 시민들은 충격을 받았다. 때때로 의사와 간호사 들은 비닐봉지나 스키 고글, 플라스틱 앞치마 등을 입고 병원에 가는 모습이나, 수술용 마스크를 빨아서 말리고 재사용하는 모습을 담은 사진들을 게시하기도 했다. 이러한 이미지들은 재빠르게 타블로이드 신문을 통해 유통되었고, 큰 파장을 일으켰다. 정부가 다급히 마스크를 비롯한 개인보호장비 공급을 위한 계약을 체결하면서, 편파적인 정실 자본주의favoritism and crony capitalism가 아닌가 하는 의혹이 불거졌다.

한국은 오래전부터 다양한 목적으로 마스크를 착용해왔던 몇 안 되는 나라 중 하나다. 감기에 걸렸을 때나 감기에 걸리지 않기 위해 천 마스크를 쓰는 것은 이미 하나의 관습이었다. 감기 예방을 위해 한국인들이 마스크를 쓰게 된 것은 일제강점기 때부터라고 알려져 있다.[4] 최근에 이르러서는 다양한 호흡기성 전염병 예방을 위한 상황에서도 사람들이 마스크를 착용해왔다. 2009년 H1N1바이러스에 의한 신종플루와 2015년 메르스(중동호흡기증후군)는 모두 비말로 감염되는 전염병이었기에 당시 한국의 거의 모든 사람들이 일상적으로 마스크를 착용했다. 기존의 천 마스크나 수술용 마스크 등이 과연 비말 차단에 효과적인가에 관한 논의는 신종플루 확산 초기에 이뤄지기 시작했다.[5] 그로부터 몇 년 후인 2015년 즈음부터는 심각하게 부상한 미세먼지 문제에 대응하기 위해 마스크를 쓰는 모습이 더 대중화되었다. 한국 정부는 특히 미세먼지로 인한 대기오염에 대응하기 위해 위기 대응 시스템을 세부화했고, 시민들로 하여금 미세먼지(PM10)와 초미세먼지(PM2.5)를 거르는 기능에 초점이 맞춰진 KF80, KF94, KF99와 같은 보건용 마스크를 쓸 것을 당부했다.

그러나 이런 역사적 배경을 가진 한국에서조차 코로나19 팬데믹 이전에는 마스크 착용이 이러한 규모로 대중화된 적이 없었다. 다시 말해 마스크의 물질적 다양성, 마스크의 생산, 보급, 폐기와 관련한 공공 서비스 및 규제, 그리고 폐기된 마스크의 양에 이르기까지 코로나19 시대의 마스크를 둘러싼 수많은 측면들은 유례없는 것이었다. 특히 한국 정부는 안정적인 마스크 수급에 각별한 주의를 기울였다. 2020년 3월 9일, 정부는 마스크 수급 안정화 정책의 일환으로 출생 연도 끝자리에 따라 지정된 요일에만 1인당 두 장의 "공적 마스크"를 약국 등의 지정된 장소에서 구매할 수 있는 제도인 "마스크 5부제"를 발표했다. 이때 공적 마스크는 KF80, KF94 두 종류의 보건용 마스크를 가리킨다. 나아가 정부는 공적 마스크의 가격을 장당 1,500원으로 정하여 마스크 가격의 폭등을 막고 안정화를 꾀하기도 했다.

팬데믹 거버넌스의 시간

두번째와 세번째 코로나19 대유행 시기에 들어서자 인도에서는 공공장소에서 개인의 마스크 착용을 의무화했다. 어떤 지역의 고등법원(Delhi HC)은 사람들이 혼자 있을 때에도, 심지어 자신의 차 안에서조차 의무적으로 마스크를 착용하도록 했다.[6] 마스크를 착용하지 않을 경우 경찰의 구속까지는 아니더라도 경고와 막대한 벌금형이 종종 내려졌다.[7] 팬데믹 동안 인도에서 살면서 직접 수많은 매체 보도를 접한 필자 트리디베시 데이의 경험에 비춰 보았을 때, 인도 시민들은 특히 경찰서 앞을 지날 때나 순찰차가 가까이 올 때만 잠시 마스크로 얼굴을 가렸다가 적발될 가능성이 줄었을 때는 마스크를 벗는 것이 분명했다. 때로는 반다나, 스카프, 수건gamchha, 숄shawl 또는 사리sari의 느슨한 끝부분을 이용해서 코와 입을 가려 적발을 피하기도 했다. 휴대가 용이하며 언제든 꺼낼 수 있고 입기 쉬운 것이라면 무엇이든 마스크를 대신하여 얼굴을 가리는 데 사용되었다. 실제로 턱에 마스크를 걸쳤다가 경찰이 가까이 오면 위로 올려 코를 가렸다가 다시 내리는 경우가 많았다. 사실상 마스크 착용 의무를 어기는 경우가 많았던 것이다.[8] 이와 같이 마스크 혹은 그 밖의 것들로 얼굴을 가리는 것은 단지 제도에 순응하고 있음을 보여주기 위한 방식으로 나타났다고 말할 수 있다. 즉, 마스크는 '팬데믹 시민권pandemic citizenship'을 수행하는 수단이 되었고, 국가가 보고 있을 때만 간신히 준법 시민으로 거듭나기 위한 소품, 전술, 도구 등의 들쭉날쭉한 의미의 단어로 덧입혀진 물질이 되었다.

확실히, 우리는 단순히 정부의 정책(그리고 경제적으로도 부담되는 강도 높은 처벌)을 피하기 위해서뿐 아니라 규정 준수를 위해서도 개인의 우선순위를 정한다. 이는 적어도 규범적인 측면에서는 나와 타인을 보호하는 선량하고 위생적인 시민이 되는 일이기도 하다. 이러한 점에서 혹자는 마스크 착용의 시각적 측면은 감염 확산을 줄이고 신체를 보호하려는 원래의 목적과 공존한다고 말할 수 있다. 마스크를 착용함으로써 개인은 바이러스뿐 아니라 국가로부터의 보호 또한 추구하는 것이다. 같은 맥락에서 사람들은 원래 갖고 있던 천 조각을 다시 활용하든, 손에 잡히는 대로 얼굴을 가리든 간에, 눈에 잘 띄는 색상과 화려한 디자인의 마스크를 찾는 경향이 있다. 화려하고 눈에 잘 띄는 마스크를 착용하면 경찰을 비롯해 나를 단속하는 사람들이나 주변 사람들에게 내가 책임감 있게 시민권을 행사하고 있다고 선언할 수 있기 때문이다. 특히 주로 엘리트 계급이 착용하기 시작한 프린팅, 자수, 바느질 등 다양한 방식으로 꾸며진 "디자이너 마스크"는 팬데믹 시기에 훌륭한 시민이자 패셔너블한 사회 행위자로 기능하고 있음을 드러내주었다.[9]

천 마스크는 인도 시민 개개인 혹은 계층별로 각기 다른 요구사항들을 어느 정도 충족시키는 것으로 보인다. 인도 대부분의 지역은 날씨가 덥고 습하기 때문에 오래도록 쓰고 있어도 숨쉬기 편한 면직물로 만들어졌는지 역시 고려 요소다. 많은 인구수에 더해 값비싼 N95 마스크의 비용적 측면까지 생각하면 비교적 쉽게 구할 수 있고 풍부한 면직물의 장점이 두드러진다. 실제로, 어느 가정에나 있는 남은 천 쪼가리를 얼굴을 가리는 데 쓸 수 있으며, 이러한 마스크는 열 번도 더 넘게 세탁하고 건조시켜 사용할 수 있다.

마스크가 수행하는 물질성과 적당한 가격, 공급 가능성 등을 언급하는 데 있어, 천 마스크보다 덜 편안하고 덜 사용되긴 했어도, 비교적 많이 사용된 수술용 마스크 역시 짚어봐야 할 것이다. 수술용 마스크는 파랑, 핑크, 초록 등 매력적인 색깔 덕분에 선호되었는데, 부직포 폴리프로필렌을 일괄 제조하는 단계에서 여러 가지 색을 입힐 수 있었던 덕분이다. 또한 플라스틱 일괄 제조 공정으로 인해 수술용 마스크는 아주 저렴했는데, 특히 대량 50개, 100개, 500개, 1천 개 등 묶음 단위의 가격이 매우 저렴했다.

팬데믹 동안에, 다양한 가정(특히 가정 내 여성들)과 면 산업은 얼굴을 가릴 수 있는 천 제품들을 만들고 파는 일에 착수했다. 이는 인도 내에서 면을 쉽게 구할 수 있다는 점과 면 자체의 물질성 덕분에 가능한 일이었다. 마스크에 대한 수요가 급증함에 따라 기존의 수많은 기업들이 마스크 생산 라인을 확장해갔으며, 국경 봉쇄로 인해 어려움을 겪던 영세업자들 역시 마스크 생산과 보급으로 눈을 돌렸다. 수술용 마스크의 경우에는 소매업자들이 직접 만드는 것이 아니라 제조업체로부터 대량으로 구매하여 소규모로 되파는 형태에 불과했지만 이러한 수술용 마스크의 소매업도 흔해졌다. 이런 경우에는 이윤 창출을 위해 묶음으로 살 때보다 아주 조금 마진을 붙여 팔았다. 특히, 길가의 상점이나 작은 식료품점, 약국 등에서 수술용 마스크는 손 소독제 같은 팬데믹 대응 용품들과 함께 판매되었다.

인도 전역 및 지역사회 차원의 천 마스크 제조 행위는 팬데믹 시민권, 연대 그리고 기능적 순응의 측면을 조망하는 데 있어서 미국이나 한국과 비슷하게 작동했다고 할 수 있다.

한편, 2020년 7월 12일 한국의 식품의약품안전처(이하 식약처)는 마스크 생산 라인이 안정화됨에 따라 공적 마스크 제도를 폐지했다. 이 무렵에 식약처는 새로운 종류의 마스크인 "KF-AD 마스크(비말 차단용 마스크)"를 개발하여 발표했는데, AD는 비말 확산 방지를 뜻하는 "Anti Droplet"의 앞글자를 딴 것이었다. 그 배경에는 날씨가 더워지면서 시민들이 KF80, KF94, KF99와 같은 보건용 마스크 착용의 불편함을 토로하면서 보다 숨쉬기 편한 수술용 마스크를 선호하게 된 맥락이 있다. 식약처는 KF-AD 마스크 개발의 핵심은 코로나바이러스 확산 방지에 가장 중요한 비말 차단 기능을 위한 방수성, 기존에 황사 방역용으로도 쓰던 공적 마스크의 답답한 느낌을 해소하기 위해 얇은 부직포를 사용한 점이라고 밝혔다.[10]

마스크의 안정적 보급이 코로나19 확산 초반부터 사회적 화두였던 한국에서는 정보통신기술이 어떻게 적용되었는가 역시 주목해볼 만하다. 2020년 8월, 과학기술정보통신부는 『2020 마스크 앱 백서』를 발간했다. 과학기술정보통신부 장관 최기영은 발간사에서 "이번 공적 마스크 앱 서비스는 앞으로 이러한 공공정책을 추진할 때 본보기로 삼을 수 있는 민관협력의 모범적인 사례"라고 밝혔다.[11] 공적 마스크 앱은 시민들의 안정적인 마스크 구입을 돕기 위해 2020년 3월부터 7월까지 운영되었는데, 이는 코로나19가 발발한 매우 초기에 확진자 동선 데이터를 제공하던 코로나 맵과 같이 민간에서 개발된 서비스를 인정하여 시작된 사례였다. 공적 마스크 앱 이전에도 사용자들의 위치 데이터를 이용해 근처 편의점이나 약국 마스크 재고 데이터를 보여주는 웹 서비스가 민간에서 먼저 등장한 바 있었다.[12]

마스크 착용에 대한 정부의 엄격한 조치 또한 한국 사회의 팬데믹 시간을 기록하는 데 중요한 요소다. 2020년 5월 말부터 대중교통이나 택시 같은 공적 공간에서 마스크 착용이 의무화되었다. 이후 2020년 11월 13일부터 정부는 버스나 병원 등에서 '마스크 착용 의무화 행정 명령'을 위반하면 최고 10만 원의 과태료를 부과하기로 했다. 이에 따라 마스크 착용은 한국 시민들 사이에서 확고한 사회적 규범으로 자리 잡았으며 이는 비단 밀폐된 공적 공간뿐 아니라 길거리에서도 마찬가지였다. 마스크를 쓰지 않은 사람을 노려보거나 심지어는 마스크를 쓰라며 소리치는 광경도 한국에서는 놀랍지 않은 일이 되어갔다.

팬데믹 거버넌스 시간의 미국에서는 의료용 마스크를 쓰는 것이 병원에서 실제로 시술을 하는 의료인들만을 위한 것이 아닌 새로운 종류의 것이 되었다. 단순히 마스크를 착용한다는 것을 넘어서 마스크 착용의 질에 대해서 생각하게 되었다. 이는 실로 새로운 것이었다. 이를 통해 다음과 같은 질문들이 뒤따랐다. 마스크 대신 목토시를 올려 얼굴을 가리는 것도 허용해야 하는가, 아니면 세 겹으로 된 천 마스크만 허용해야 하는가? 일회용 수술 마스크 공급이 다시 원활해진 시점에 우리는 무엇을 해야 했을까? 마스크가 얼마나 쉽게 부족해질 수 있는지 알았으니, 의료 최전선에 있는 사람들을 위해 남겨둬야 했을까? 솔직히 말하자면, 이 마스크들은 너무도 허술해 보였지만, 그럼에도 소중한 이 마스크들을 한 번만 쓰고 버려야만 했을까?

마스크의 시간이 새로운 국면에 접어들면서 많은 혼란이 야기되었다. 처음에는 어떤 마스크든 최고의 마스크였다. 그러나 점차 생산량이 늘면서 선택지가 생겼다. 하트 모양이 그려진 마스크, 매듭이 있는 마스크, 탄력 있는 마스크, 크기 조절이 가능한 마스크, 신축성 있는 마스크, 정치적 슬로건이 새겨진 마스크… 생명을 구하는 기술로서의 마스크가 무기화되었고, 정치적인 것이 되었다. 당신은 공중보건을 믿는가, 믿지 않는가.

개인적 신념과 자신 및 타인에 대한 배려 때문이든, 법령이나 규범 때문이든, 마스크를 쓰기로 선택한 사람들에게는 충

　　　　　　　　　　1부 코로나 마스크의 물질문화와 정치

분한 지침이 없었다. 어떤 마스크를 쓰든 간에 마스크 착용에 대한 부담이 너무나 커서 마스크별 섬세한 품질의 차이는 여전히 중요한 것으로 남아 있었다. 2021년 여름 백신 접종자 수가 늘어나 점점 희망적인 상황이 되어가자, 몇몇 상점에서는 마스크 물량을 싼값에 팔아버리기 시작했는데, 이는 마치 마스크의 시대가 곧 끝날 거라고 말하는 것 같았다. 우리에게 마스크는 더 이상 필요하지 않을 거라고. 하지만 우리는 여전히 마스크를 필요로 한다. 뿐만 아니라 우리는 감염 예방이든, 다른 실용적인 이유에서든 상황에 따라 다른 마스크를 필요로 한다는 것을 알게 되었다. 상점들은 마스크를 착용하지 않은 사람들을 그냥 나가게 하는 대신 일회용 마스크가 한가득 든 박스에서 마스크를 꺼내어 나눠 주었다. 즉, 집에 마스크를 두고 왔더라도 선택지가 생긴 것이다. 이러한 일회용 마스크들은 스포츠나 연설 같은 활동을 해야 할 때, 혹은 안경 쓴 사람들에게 더 좋은 선택지가 되었다.

델타, 오미크론 변이 확산기의 마스크 시간

나라마다 마스크 착용 의무화와 관련해 상이한 관행이 행해지고 있었지만, 마스크 착용을 의무화하는 많은 곳에서 수술용 마스크나 KN95 마스크만을 사용하도록 명시하기 시작한 것은 오미크론 변이가 나타나기 시작했을 때였다. 그토록 정성스레 바느질로 만들거나 슬로건을 넣고 외출 의상과 어울리게 만들었던 천 마스크 상자들은, 안타깝게도 시대에 뒤떨어져 보이기 시작했다. 한때 절약과 재사용의 상징이었던 것들은 이제 버려질 운명처럼 보였다.

우리에게 팬데믹이 이해의 대상에서 통치성의 공간, 그리고 일상의 느린 재난이 되기까지 마스크를 둘러싼 우려는 우리 삶의 다른 많은 물질들로 인한 우려와 비슷하다는 것이 분명해졌다. 예를 들어, 그 모든 일회용 마스크가 폐기된 이후에는 어떻게 되는 걸까? 한국의 경우, 국내외 많은 환경단체들이 마스크 폐기물의 심각성을 강조해왔다. 마스크 폐기물의 성분과 발생량에 대한 데이터뿐 아니라 그 심각성을 강조하는 비유적 표현들이 넘쳐났다. 일례로 한국의 주요 신문사 중 하나인 『중앙일보』는 전 세계에서 매달 1천억 개의 일회용 마스크가 버려지고 있다는 2020년 8월 8일 BBC의 보도를 인용했다.[13] 이와 더불어 일회용 마스크를 만들기 위해 주로 사용되는 물질이 폴리프로필렌이나 폴리에스터와 같이 흔히 쓰이는 플라스틱임을 알리는 미디어 보도도 쉽게 찾아볼 수 있다. 그렇다면, 애초에 이러한 일회용 마스크의 폐기를 최소화하고 환경 영향을 줄이기 위한 고려, 즉 사회적 상상이나 과학기술, 그리고 정책적 고려는 없었을까?

올바른 마스크 착용 방법에 비해 "올바른 마스크 폐기 방법"에 대한 논의는 상대적으로 늦게 시작되었다. 한국 환경부에서 제공한 마스크 폐기 지침의 핵심은 감염을 막고 환경 영향을 최소화하는 데 있었다. 마스크를 종량제 봉투에 버리면 일반 쓰레기로 분류되어 환경부의 지침에 따라 소각장이나 매립지로 간다고 알려져 있다. 하지만 이러한 정상적인 마스크 폐기물 관리 영역을 벗어나 바다로 흘러가는 마스크가 많았다. 이 경우 마스크의 끈이 야생 동물이나 해양 생물을 위협하기도 했는데, 이러한 경우를 고려하여 마스크의 끈과 본체를 분리하여 폐기해야 한다는 지침은 시민들에게 큰 주목을 받지 못했다.

생명을 직간접적으로 위협하는 물질로서의 마스크 폐기물의 심각성에 쏟아지는 주목의 정도에 비해 그 문제를 해결하기 위해 어떤 노력을 할 것인가에 관한 논의는 상대적으로 힘이 없었다. 적절한 필터를 넣은 재사용 천 마스크 착용이나 공용 공간의 환기에 관한 지침 강화와 같이, 일회용 마스크 착용에 기대지 않는 코로나19 확산 방지에 대한 대안적 논의는 턱없이 부족했다. 2020년 4월 9일, 서울시 보건환경연구원은 정전기 필터를 갖춘 천 마스크의 효능이 보건용 마스크인 KF80 마스크와 같다는 연구 결과를 발표했다.[14] 그럼에도 불구하고, 일회용인 보건용 마스크 대신 비말 차단 능력이 충분하며 재사용 가능한 천 마스크의 사용을 장려하기 위한 공공의 노력은 이뤄지지 않았다.

한편 인도에서는 오미크론과 같이 전염력이 강한 변이 바이러스가 나타남에 따라 미세입자를 걸러주는 마스크의 본래 목적, 즉 필수 기능적인 요소가 다시 우위를 차지하는 듯했다.

천 마스크나 심지어 3겹 구조의 수술용 마스크조차 가장 최첨단인 N95, KN95, FFP2 마스크에 비하면 오미크론 변이 확산을 막는 데 덜 효과적이라고 권고되기 시작했다.[15] 겹겹으로 된 N95, KN95, FFP2 마스크는 폴리프로필렌 부직포로 만들어지는데, 여러 겹의 구조가 정전기력을 통해 95퍼센트의 효능으로 입자를 걸러낸다. 천 마스크와 수술용 마스크는 물질성과 디자인 등 모든 측면에서 N95 마스크를 따라잡지 못하는 것처럼 보였다. N95 마스크가 점점 보편화되고 의료계와 정부 역시 착용을 권고하면서 N95 마스크 수백만 개를 생산해내기 위한 최첨단 산업시설과 대규모의 제조 및 유통 사슬이 생겨났다. 그러나 바이러스의 전개 양상이 바뀌어가면서 천 마스크와 수술용 마스크가 완전히 기억 저편으로 사라져버릴지는 좀더 두고 볼 일이다. 여전히, 어떤 마스크가 남을지 혹은 사라질지를 둘러싼 중요한 질문들이 남아 있다. N95 마스크는 가격이 적당하고 착용이 편안한가? 그렇다면 천 마스크를 적극적으로 제조했던 풀뿌리 경제와 면 산업들은 어떻게 될 것인가? 기술 및 자금 운용을 N95 마스크 제조를 위해 바꿀 것인가, 아니면 이대로 그냥 사라져갈 것인가? 바이러스의 변이를 거치면서 마스크 경제 내의 생산, 공급, 보급 사슬과 생계는 어떻게 변화할 것인가?

1부 코로나 마스크의 물질문화와 정치

앞으로의 마스크 시간: 폐기물과 순환

한국의 디자이너 김하늘은 마스크 폐기물로 의자를 만든 작업으로 국내외 다수의 뉴스 매체로부터 주목을 받았다. 주변 사람들의 도움으로 버려진 마스크를 모아 뜨겁게 달군 전기 에어건으로 녹이고 의자 모양의 틀에 넣는다. 마스크로 점철된 시간에서 그의 작품은 이 시간들이 지나간 뒤 마스크의 쓸모에 대한 우리의 상상을 열어준다. 단 몇 시간 동안 필수 개인보호 장비로 기능하다가 버려진 뒤 반영구적인 가구로 탈바꿈한 마스크 의자에 앉는다는 것은 어떤 의미일까?

마스크의 시간은 수많은 폐기물을 남긴다. 낡고 해진 천 마스크, 철 지난 정치적 슬로건과 문구가 적힌 마스크, 우리가 더 이상 근무하지 않거나 연관되고 싶지 않은 회사의 로고가 새겨진 마스크, 더 이상 효과가 없다고 여겨지는 마스크. 미국

[그림 3-1] 색색깔의 버려진 마스크로 만든 마스크 의자. © 김하늘

사회는 일회용 마스크를 뒤늦게 사용하기 시작했고, 사실 아직까지도 많은 사람들이 착용 권고 기간보다 오랫동안 여러 번에 걸쳐 일회용 마스크를 착용하곤 한다. 이러한 행동은 어느 정도는 팬데믹의 위험과 전 세계적인 환경 파괴의 위험 사이에서 갈등하며 지속 가능성에 기여하고자 하는 마음으로 해석해볼 수도 있을 것이다. 하지만 아마도 우리는 그 둘의 균형에 대해 더 나은 방식을 만들어가야만 할 것이다. 팬데믹의 시간이 아니라 마스크의 시간으로 생각해본다면, 마스크를 단지 (공중보건, 역학 연구와 정보 전달, 집단적 돌봄의) 과정이 아니라 물질적 실체 그 자체로 생각할 수 있을 것이다. 마스크는 보호를 위한 수단인 동시에 물질 그 자체이기도 하다. 마스크에는 생산 사슬이 있다. 그러한 생산 사슬은 자본주의의 기본 구조에 내재되어 있다. 마스크 사용 뒤에는 바이러스뿐 아니라 우리가 거부하고 싶은 무언가가 함께 남는다. 마스크의 시간은 마스크의 영향에 대해 생각해볼 것을 주장한다. 그리고 우리가 팬데믹의 다음 단계를 고려할 때쯤엔 그것이 어떤 모습이든 간에, 마스크에 관한 무언가를 따라잡으려고 안간힘을 쓰는 대신, 마스크를 손에 쥔 채 상황을 이끌어나갈 수 있을 것이다.

번역: 금현아

1부 코로나 마스크의 물질문화와 정치

4장
일본의 수제 마스크와 젠더 질서의 강화[*]

미즈시마 노조미, 야마사키 아사코

수제 마스크가 재편하는 젠더

코로나 위기로 인해 일본에서는 손으로 만든 수제 마스크의 수요가 늘었다. 2020년 1월 하순부터 기성품인 부직포 마스크가 희귀해지면서 2월에는 소셜미디어와 영상 공유 사이트 들에 마스크를 직접 만드는 방법이 널리 공유되기 시작했다. 수예점이 붐비고, 마스크 제작 키트가 판매되며, 필요한 소재들이 품절되는 사태가 보도되었다. 이 가운데 3월 하순에는 고후시의 여중생들이 천 마스크 600개를 제작하여 시 당국에 기부한 일이 화제가 되었다.[1] 이어서 일본 문부과학성은 학교 등교를 재개하

---

[*] 이 글의 첫번째와 두번째 절은 야마사키 아사코가, 세번째 절은 미즈시마 노조미가 집필했으며, 나머지는 공동으로 집필했음을 밝혀둔다.

는 방침의 일환으로 아동에게 집에서 손수 제작한 마스크를 착용시켜 달라고 요청했다.[2] 이러한 조치는 학교 일제 휴교령 때문에 늘어난 가내 노동을 더 심화시키는 조치라고 비판하는 목소리도 있었지만, 여성을 중심으로 천 마스크를 제작하는 일은 변함없이 활발히 이루어졌다.●

국제적으로는 코로나19 사태 초기부터 천 마스크의 효과를 두고 논쟁이 있었지만, 각국의 대처는 크게 달랐다. 2020년 3월 하순 이래 과학적 견지에 기초해 마스크 착용을 장려하는 국가 및 지역이 늘어나기 시작했지만, 일본 정부는 과학적 정보와 근거를 밝히지 않은 채 가내 천 마스크 제작을 장려하면서도 의료용 마스크의 공급 부족 상황을 타개하기 위한 제조 역량 강화에는 소홀한 채 천 마스크 두 개씩을 전국 가정에 배포하는 등, 정책적으로 일관되지 못한 양상이었다.▲ 이 장에서는 일본에서 수제 천 마스크와 관련된 상황들을 젠더라는 축을 통해 살펴봄으로써 해당 논점들을 고찰해보고자 한다.

● 2020년 4월 중순에 트위터에서 처음으로 사용되기 시작한 "#자랑하는 마스크를 봐줘(自慢のマスクを見てくれよ)" 관련 게시물은 4월 말 시점에 이미 5만 건을 넘어섰다.

▲ 일명 "아베 마스크"로 불리는 이 마스크는 바이러스 차단율이 낮은 거즈를 이용해 제작된 제품으로 크기가 작은 데다 세탁하면 더 수축하기 때문에 충분히 코를 가리기 어렵다. 더군다나 불량품도 많이 발견되어 회수되었으며, 2020년 5월 9일 시점으로 도쿄도의 일부 지역에서만 배부가 이루어졌다.

1부 코로나 마스크의 물질문화와 정치

무보수 가사노동으로서의 수제 마스크

일회용 마스크 품귀 현상이 일어나자 온라인에서는 "마스크가 없다면 만들어라"라는 메시지가 범람하기 시작했다. 일상적으로 바느질을 하던 사람들에게는 물건이 없으면 만들라는 말이 별문제가 안 될 것이다. 2월 초부터 수제 마스크 형지型紙가 온라인상에 등장했고 곧이어 유명 연예인들이 마스크를 만드는 영상들이 화제가 되었다.[3] 당시 수제 마스크를 둘러싼 이야깃거리들은 비장함보다는 훈훈한 느낌을 주는 일들이었다. 예를 들어 한 연예인이 "수예 작업에 서툴지만 제가 만든 마스크를 소개합니다"와 같이 말하는 모습은 "엄마" 같은 따스함을 느끼게 했다.[4]

3월 초에는 일본 사회에서 생산 활동과는 무관하다고 여겨지던 사람들, 즉 장애인, 어린이, 히키코모리 등도 충분히 마스크를 제작할 수 있다고 여겨지기 시작했다. 또 수제 마스크를 공공장소에서 근무하는 사람들에게 기부했다는 이야기도 미디어에 자주 오르내렸다.[5] 이 과정에서 마스크를 손수 제작하는 일이 생산 활동의 최전선에서 벗어나 있다고 여겨지던 이들의 사회공헌이라는 서사가 만들어졌으며, 이 같은 에피소드들은 코로나 범유행 직전의 일본 사회에 청량제 같은 소식이 되어주었다. 앞서 언급한 여중생들이 제작해 기부한 612장의 마스크가 그렇게 화제가 된 것도 정치색이 없는 바람직한 이미지 때문이었고,[6] 중학생들이 스스로 의도했다기보다는 정부와 미디어가 중학생들의 존재를 바람직한 젊은 여성 시민으로 포장한 것이었다고 할 수 있다.

이후 3월 말부터는 일본 각지에서 전통공예 천으로 만든 마스크가 출현하기 시작했다.[7] 단바후丹波布(효고현 천), 빈가타紅型(오키나와 염색 천), 오우미조후近江上布(사가현 삼베), 에치젠 와시越前和紙(후쿠이현 전통종이), 아리마츠 나루미有松·鳴海絞(아이치현 홀치기 염색 직물), 고쿠라오리小倉織(후쿠오카현 소창) 등 방직 관련 전통공예 장인들은 지금껏 해본 적이 없는 마스크 제작을 좋은 상업적 기회로 인식했다. 마스크가 부족해지면서 이 전통공예품이 "사치품"이나 "일상과 거리가 먼 것"으로 치부되지 않았을 뿐만 아니라, 공급 부족을 보충해주는 사회공헌이라는 의미가 부여되었다. 수제품을 판매하는 사이트들에는 마스크가 대량으로 올라오기 시작했다. 그 가격은 500~1500엔 정도로, 일회용 마스크보다 비싸고 특히 총리의 지시로 배포된 "아베 마스크"보다는 몇 배 더 비싼 금액이었다. 일회용 마스크 공급이 안정되지 않는 한, 사람들이 스스로 마스크를 제작하고, 수제 마스크를 구매하며, 이를 기부하거나 선물하는 일이 계속될 것이었다.

고도경제성장기에 이미 필요에 의한 재봉 활동이 소멸해버린 이 사회에서 바느질은 잉여 혹은 사치이거나 비일상적인 것을 만드는 행위였다. 이처럼 필요와 무관한 것이야말로 "평시의 [바느질로] 만들기"였다는 점을 코로나 위기는 한순간에

잊게 만들었다. 미디어에서는 많은 여성들이 수제 마스크 제작으로 마스크 수요를 보충하고 있다는 데 기쁨을 느끼고 있는 것으로 그려졌다. 이렇게 표상되는 여성 주체는 사회에 유용한 자기, 필요에 부응할 수 있는 자기이며, 여성들의 "평시의 모노즈쿠리(장인정신)"를 비가시화하게 만든 기존 생산 구조에 대한 반동처럼 보이기도 했다.

마스크 품귀 현상이 대중적으로 인식된 지 3개월여가 경과한 뒤로 마스크를 제작하는 행위의 의미는 긍정적인 것으로 자리 잡았다. 간단하게 마스크를 제작하는 방법이나 수제 마스크 판매 등 관련 뉴스가 나오지 않는 날이 없었다. 마스크를 만드는 일상과 수제 마스크를 사용하는 일상, 스스로 만든 마스크가 소셜미디어를 통해 사람들에게 보여지는 일상이 "평시平時"가 된 것이다.

전시동원과 성별화된 역할 분업

부족한 마스크 수요를 보완하기 위해 시작한 바느질이 오늘날 일본에서는 "비일상"적인 것이었지만, 역사적으로 사람들은 일상에서 필요한 물건들을 만들기 위해 재봉 활동을 해왔다. 산업혁명으로 생산이 기계화되었을 때도 여전히 인간의 손이 필요했으며 방적노동은 특히 여성의 노동력에 의존해왔다. 지구화된 현대사회에서도 500엔짜리 티셔츠의 한 가닥 솔기마저 다른 나라의 여성 노동자들이 꿰맨 것이다. 물건을 만들지 않으면서 생활을 영위하는 데 누구도 위화감을 느끼지 않아온 현실에는 이번 마스크 품귀 사태가 직격탄이었던 셈이다.

사람들은 자신에게 필요한 것만을 만들지 않는다. 갑자기 "필요"가 창출된 수제 문화는 종종 존재해왔다. 이번 수제 마스크 소동으로 때마침 상기된 "센닌바리千人針"는 어떤가. 센닌바리란 전쟁터로 향하는 군인들에게 주었던 '부적'으로, 표백된 한 장의 천에 천 명의 여성이 붉은 실로 옭매듭을 한 땀씩 수놓은 것을 말한다.[8] 현존하는 센닌바리는 단순한 복대부터 의복 모양으로 지은 것까지 다양하며, 길흉을 따져 호랑이를 수놓거나 5전이나 10전짜리 동전을 묶은 것도 많다.

이 물건의 특징은 우선 다수의 여성에 의해 제작되었다는 점이다. 센닌바리를 제작하는 여성은 다른 여성들에게 한 땀씩 수놓아 달라고 부탁하기 위해 거리로 나섰다. 두번째 특징은 여성 자신이 쓸 것이 아니라 누군가에게 선물하기 위해 만들어졌다는 점이다. 생활필수품이 아니었기 때문에 누구나 제작 방법을 알고 있는 것은 아니었다. 집에서 쓰다 남은 천으로 만든 사람들도 많았지만, 센닌바리 붐이 일자 백화점에서 센닌바리 키트를 판매하기도 했다. 15년 전쟁기●를 거치며 일찌감치 섬유 제품의 통제가 시작되었기에 새로운 의복을 만들거나 자유

● (옮긴이) 1931년 만주사변부터 1945년 2차 대전 종결까지를 포함한다.

[그림 4-1] 거리에서 센닌바리를 제작 중인 모습(왼쪽)과 센닌바리(오른쪽).
(왼쪽: 每日新聞, 1937; 오른쪽: 부평역사박물관 제공)

롭게 천을 사용하기가 어려웠고, 그래서 사람들은 필요한 만큼의 최소한의 섬유 재료로만 제작했다.

센닌바리는 실용성을 벗어난 창조적인 봉제 활동이었다. 일선의 군인들을 위해 처음으로 센닌바리를 만들어보고 가능한 많이 기부하는 것이 상찬을 받았다. 마찬가지로 전투에 아무 도움이 되지 않는 작은 위문 인형들도 여성들과 아이들에 의해 대량으로 만들어져 전쟁터로 보내졌다. 당연히 무슨 쓸모가 있느냐를 두고 논란이 일어 당시 군인들과 저명인사들이 그 효용성을 설명해야만 했다. 예를 들어 센닌바리 덕분에 목숨을 건진 병사들의 이야기, 센닌바리에 달아둔 5전짜리 동전이 탄환을 막은 이야기,[9] 그리고 위문 인형의 정신적 효과 등을 말하며 이 같은 수제 활동을 북돋우기 위해 수많은 정치인들, 연구자들, 지식인들이 동원되었다. 이런 일화를 진심으로 믿었던 것은 아니겠지만, 많은 시민들과 지식인들은 전쟁을 위해 무언가를 제작하여 기부하는 행위 자체가 중요하며, 한 땀의 매듭을 수놓는 일이 거국일치擧國一致 체제에 일조하는 일이라고 막연하게 생각했다. 효용에 대해 의구심을 가지면서도, 만드는 일을 중지할 수 없던 시대적 흐름에 너나 할 것 없이 휩쓸려 들어갔던 것이다.

재봉 활동이 지극히 젠더화되었던 전전戰前 시기의 일본에서는 여성이 바느질을 통해 국가에 봉사하는 것이 당연한 일이었다. 바느질은 당시 거의 모든 여성이 보유하고 있던 기술로, 높은 수준의 바느질 솜씨는 국가가 시행한 여성 교육의 산물이었다. 이들의 재봉 기술은 군복과 낙하산을 꿰매고, 기모노를 몸뻬로 만들고, 센닌바리를 수놓고, 실보무라지를 되살려 쓰면서 전시 생활을 뒷받침했다.

그러다 전후 시기에 봉제 교육은 서서히 쇠퇴하여 재봉틀과 손바느질 모두 학교에서 "경험"해보는 일이 되었으며, 남녀 모두에게 더 이상 생활을 영위하기 위한 기술이 아니게 되었다. 그런데 오늘날 옷 만드는 기술은커녕 옷 만드는 과정이 어떻게 되는지도 모르던 사람들이 갑자기 "간단한" 마스크 봉제법을 배워 생활의 부족을 메우게 된 것이다. 이 가운데 미디어를 통해 압도적으로 부각된 것이 바로 여성이라는 성별이었다. 바느질하여 기부하거나 선물하는 활동이 "어머니" "아내" 혹은 "소녀"의 활동으로 재편성 혹은 재강화된 것이다.

해외에서의 수제 마스크와 과학

그렇다면 일본 바깥 지역들에서는 어떨까. 원래 코로나 사태 이전에 WHO는 천 마스크를 장려하지 않았고, 서구에서는 보건의료 종사자가 아닌 일반인이 일상에서 마스크를 사용하는 것에 부정적이었다.[10] 그러나 전염병이 일찍 확산되었던 지역 가운데 방역에 비교적 성공한 중국, 한국, 타이완 등에서는 정부가 당초부터 마스크를 장려하고 있었다는 점에 착안해,• 2020년 3월 중순 이래 체코, 오스트리아 등의 유럽에서도 공공장소에서 마스크 사용을 의무화하는 방침을 확대했다.[11] 당시 마스크는 세계적으로 부족한 상황이었다. 그래서 반다나나 스카프 등과 함께 수제 마스크의 사용이 장려되었다. 벨기에에서는 3월 중순 무렵부터 천 마스크를 제작하는 온라인 커뮤니티가 페이스북을 매개로 만들어져 자기가 사용할 마스크뿐만 아니라 지역의 방문 간병센터 등에서 필요로 하는 만큼의 천 마스크를 제작해 보내는 프로젝트들이 성행했다.[12] 4월부터는 미국 질병통제예방센터CDC도 일반인의 천 마스크 사용을 권장하는 방침으로 전환했고, 그 직후 WHO도 "감염 방지에 일정한 효과가 있는" 것으로 천 마스크의 사용을 인정하는 양상이

•   (옮긴이) 한국 정부는 3월까지만 하더라도 일반인의 마스크 착용을 장려하지 않았다. 한국 정부의 마스크 착용 지침 변화에 대해서는 김효민, 「시민의 참여가 만든 K-방역, K-방역이 만든 시민의 미덕」, 『시민과세계』, no. 39, 2021 참고.

었다.[13]

흥미로운 사실은 일본 바깥에서는 천 마스크가 "여성이 만드는 물건"으로 젠더화되어 있지 않았다는 점이다. 천 마스크 제작 방법에 관한 미국 CDC의 영상에서는 남성 군인이 티셔츠를 사용해 제작하는 방법을 설명한다. 체코에서는 코로나 사태로 가게 문을 닫은 프라하의 한 술집 남성 점주가 지역 공동체로부터 재봉틀을 보급받아 10명의 직원을 고용해 마스크를 제작하고 필요한 사람들에게 배부했다는 뉴스가 보도되었다.[14] 영국 『가디언 *The Guardian*』지는 천 마스크 제작 국제 캠페인 "#Masks4All"을 시작한 미국의 남성 연구자가 간이형 천 마스크를 제작하는 영상을 홈페이지에 게시했다.[15]

이런 언론 보도나 웹사이트 들의 공통점은 과학적 근거를 제시하고 있다는 사실이다. 천 마스크의 효과를 시사하는 최근의 학술 논문을 인용, 언급하고 있는 것이다. WHO의 부정적인 입장에 더해, 마스크를 사용하는 문화가 딱히 없던 유럽과 미국에서 마스크 착용을 강제화하려면 감염 예방에 효과가 있다는 확실한 과학적 근거가 뒷받침되어야만 했을 것이다. 그러나 이렇게 과학적 근거를 강조하는 것은 서구만이 아니라 아시아의 여러 지역에서도 마찬가지였다.

예를 들어 홍콩에서는 은퇴한 화학자가 2020년 2월에 자신이 고안한 홍콩 마스크HK Mask를 공개해 인기를 끌었다. 이 천 마스크는 두 겹으로 되어 있어 그 사이에 필터를 끼워 넣을 수 있었다. 티슈 두 장을 겹쳐서 끼우면 의료용 N95 마스크를 기준으로 할 때 73퍼센트의 방어율을 갖게 되어 대중용으로 쓰기에 충분하다는 것이 고안자의 설명이다.[16] 한국이나 타이완에서는 마스크의 생산 강화에 힘을 써서 시민들이 일정한 수의 부직포 마스크를 구매하는 것이 가능했고, 타이완의 IT 장관은 이 부직포 마스크를 자택에서 멸균하는 방법을 설명하는 동영상을 올리고 그 근거가 되는 실험 데이터 또한 공개했다.[17] 앞서 소개한 벨기에의 페이스북 수제 마스크 커뮤니티는 타이완에서 개발된 마스크 형지를 이용하고 있으며, 타이완에서 공개한 제조법 팸플릿에 이 마스크의 과학적 효과가 적혀 있는 만큼 벨기에 정부 또한 이 형지를 활용한 수제 마스크 제작을 권장한다고 밝혀두었다.

일본에서는 2020년 6월까지 정부가 마스크의 효과에 관한 과학적 근거를 분명하게 제시한 적이 없었다. 정부는 근거를 제시하지 않은 채 앞서 언급한 수제 마스크 제작 장려 정책을 추진한 것이다. 한편, 일본 정부는 2020년 3월 말에 WHO의 지침을 따라 천 마스크 사용을 비판하는 "전문가"의 입장, 즉 "과학적으로는 권장하지 않는다"는 입장을 채택했다는 내용이 보도되었다.[18] 이는 천 마스크 제작을 장려하는 정책에 대한 비판인 동시에 여성들이 중심이 되어가는 일본의 수제 천 마스크 제작 활동에 대한 비판이라는 측면을 동시에 가졌다. 즉 여기서는 남성 전문가라는 "권위"가 비전문가인 여성들의 활동을 비과학적이라고 비판하는 "여성=비과학적"이라는 구도, 혹은 과학적 지식을 알지 못하는 여성들에게 가르침을 주는 남성 권위자라는 가부장제의 구도를 볼 수 있다. 그래서인지 일본 소셜미디어에서는 "효과가 없다는 건 알고 있다"고 밝힌 뒤에 천 마스크를 제작하거나 사용하는 사례들이 자주 목격되었다. 다른 나라에서는 과학적 근거에 기초해 권장되고 있는 행위가 일본에서는 평가절하되고 있었던 것이다. 하지만 일본에서도 앞서 말한 홍콩 마스크가 활발히 제작되었던 데서 알 수 있듯 과학적 지식에 근거하고 합리적 판단에 기초해서 천 마스크를 찾는 제작자들도 당연히 존재했다.

나가며

지금까지 천 마스크를 둘러싼 일본의 초기 상황을 과거 역사적 사례나 외국의 경우와 비교해 살펴보았다. 일본에서 바느질은 여자가 하는 일(무보수)이라는 젠더 규범이 잔존해 있었으며 미디어 또한 이를 부풀려 찬양하곤 했다. 고도성장기의 공업화의 결과 거의 유일하게, 가사노동에서 사라졌던 바느질이 다시 가세해 여성에게 더 많은 노동을 요구했다.[19] 또 일본 국내선 항공사 승무원 및 지상직원이 전문성과 무관하게 의료용 가운이나 마스크 봉제에 나서기도 했는데,[20] 이러한 상황은 전시 물자 비축을 위해 재봉 일에 여성들을 동원한 과거의 사례를 연상케 한다.

사회적 위기 상황에서 우리는 좋은 시민이 되려 하고 남을 돕고자 한다. 그 자체는 당연히 바람직한 일이며 위기를 극복하기 위해 필요한 행위일 것이다. 하지만 평상시에는 보이지 않던 질서가 비상시에 어떻게 드러나는지에는 주의를 기울여보아야 한다. 가정에서 마스크를 자체적으로 제작하여 착용하라고 요구했던 문부과학성은 가정에서 누가 마스크를 만드는지에 대해서는 분명히 밝히지 않았지만 평시에 잘 눈에 띄지 않았던 젠더 질서를 암암리에 상정했을 것이다. 생활에 필요한 재봉 활동들을 이미 외국에 전면 의탁하고 있는 상황에서 "수예"는 평시에 주로 여성들이 널리 공유하는 취미로 존재하면서 젠더 규범화되어 있었다. 실제로 수예를 해왔던 여성들이 마스크 제작에 신속하게 임하면서 비상시의 필요에 대응했다. 평시의 기술로서 수예가 가진 여성적인 성격 때문에 오히려 과학적 "효과"의 유무를 논하는 사람도 나타났지만, 국가가 위생을 보장할 수 없는 천 마스크를 나눠 주기로 결정한 시점부터 일본의 수제 마스크·천 마스크에 대한 공개적인 논쟁은 비말 예방 효과에 관한 것 이상으로 전개되지 않았다. 결국 마스크가 "과학"적 논의에서 분리된 것이다.

그렇다면 천 마스크의 효능에 관한 과학적 근거가 제시되었다면 상황이 다르게 전개되었을까? 만약 그랬다면, 평상시 재봉 기술을 가졌던 여성들이 비상시 그 기술을 이용해 "과학적으로 효과 있는 천 마스크로 감염을 방지하는 일에 공헌했다"고 평가되었을지도 모른다. 그러나 이렇게 되면 '여성=(무보수의) 마스크 제작 종사자'라는 젠더 질서는 오히려 강화되어 포스트 코로나 시기에도 계속될 가능성이 있다. 또 오늘날의 "과학적이지 않은 단순 작업을 하는 여성"(여성=비과학적)이라는 과학에 의한 젠더화가, 비상시를 거쳐 "과학적인 마스크를 만드는 좋은 엄마"라는 젠더의 과학화로 바뀔 위험성도 있다.

기본 중의 기본이기는 하지만, 우선 수제 마스크 제작이 "여성"만의 일이 아니라는 의식을 공유하는 일이 급선무다. 그후 직접 만든 마스크들을 찬양하거나 경시하지 않으면서 필요에 따른 마스크 제작을 위해 과학 지식을 포함한 정보 제공이 요청된다. 코로나 팬데믹으로 인한 혼란상 속에서 갑자기 일상에 침투해 온 천 마스크를 둘러싸고 젠더 질서가 어떻게 강화되어 나타나는지 우리는 계속 주시해야 할 것이다.

번역: 현재환

2부
마스크 정치의 지구사:
흑사병부터 스페인 인플루엔자까지

5장
근대 초기 유럽의 흑사병과
역병 의사 마스크

마리온 마리아 루이징어

2020년 4월 초에 독일 슈바벤의 한 유력일간지 문화면 편집장으로부터 인터뷰 요청을 받았다. 코로나19가 창궐한 시기에 진행된 이 인터뷰에서 나는 수많은 다른 동료들이 그랬던 것처럼 감염병의 역사에 관한 이런저런 질문들에 응답하는 시간을 가졌다. 인터뷰가 진행되던 중 편집장은 한 가지 부탁을 했는데, 그것은 바로 "역병 의사 마스크"에 관한 것이었다. 그녀는 이 마스크 사진을 제공해줄 수 있는지를 물어왔다. 그것은 다소 당혹스러운 문의였다. 인터뷰 동안 이 마스크는 단 한 번도 언급되지 않았기 때문이다. 당황한 가운데 나는 왜 하필 이 마스크 사진을 원하는지 되물었다. 그러자 편집장은 이렇게 대답했다. "그렇군요. 당신이 옳아요. 그러면 제 요청은 없었던 걸로 하겠습니다만, 그 마스크가 누구든 혹할 정도로 충격적으로 보이는 것만큼은 어쩔 수 없잖아요. 그래서 한번 부탁해봤어요."

이는 결코 유별난 사례가 아니다. 역병 의사 마스크Pestarzt-maske는 내가 근무 중인 잉골슈타트의 독일 의학사 박물관 DMMI의 소장품 중 가장 주목받는 전시품이다(그림 5-1 참조).●이 마스크에 대한 애정과 관심은 단지 언론이나 박물관을 찾아온 방문객들에만 국한되지 않는다. 학계 및 전문가들 사이에서도 관심과 애정이 뜨겁다. 우리 박물관에는 이 전시품을 둘러싼 각종 요청들과 문의들이 각계각층의 사람들로부터 쇄도하고 있다. 이를테면 시범수업을 위해 일정 기간 이 전시품을 빌릴 수 있는지를 묻는 교사나, 중세 문헌 자료집을 펴내기 위해 마스크의 복제품을 부탁하는 중세학 교수, 그리고 마스크의 모조품을 제작하기 위해 마스크 제작도를 얻을 수 있는지 문의하는 역사 드라마 연기자로부터 말이다. 그렇지만 가장 많이 문의하는 사람들은 아무래도 유럽 전역의 수많은 박물관들에 근무하고 있는 학예사들이다. 이들은 자신들이 기획 중인 전시를 위해 역병 의사 마스크를 원본이든, 복제품이든, 아니면 디

●　이 글에서 다루는 역병 의사 마스크의 진위에 관한 연구는 2018년 5월 "페스트Die Pest"라는 제목으로 헤르네의 고고학 박물관에서 개최된 간학제적 콜로키움에서 처음 발표되었으며 해당 박물관의 특별전시 "페스트!Pest!"(2019. 9. 20~2020. 5. 10) 도록의 일부로도 출판되었다. Marion Ruisinger, "Fact or Fiction? Ein kritischer Blick auf den "Schnabeldoktor"," LWL-Museum für Archäologie(ed.), *Pest! Eine Spurensuche*, Darmstadt: wbg, 2019, pp. 267~74.

[그림 5-1] 역병 의사 마스크. 잉골슈타트 독일 의학사
박물관 소장. (전시품 등록번호: DMMI, Inv.-Nr. 02/222)

지털화된 형식이든 간에 어떻게든 활용하고 싶어 한다. 페스트
는 역사적으로 대부분 중세시대에 창궐했으며, 부분적으로는
30년 전쟁 기간에, 나아가 18세기 초엽에도 발생한 것으로 기
록된다. 이처럼 역병 의사 마스크는 페스트의 창궐이라는 역사
적인 사실과 결부되어 있는 유물이지만, 심지어 날씨의 역사를
주제로 한 전시에서도 이 마스크의 대여를 문의해 올 정도로
모두가 갈망하는 대상이 되고 있다.

   도처에서 쇄도하는 각양각색의 문의들에 우리는 늘 다음

과 같이 응대한다. "전시하고자 하는 주제의 역사적 상황이나 맥락이 이 역병 의사 마스크와 직접적으로 관련됩니까? 또 이 마스크가 사용되었다는 구체적인 증거를 제시할 수 있습니까?" 이 질문으로부터 다른 박물관의 동료들과 흥미진진한 대화가 오갈 때도 있지만, 대부분의 요청과 문의에는 거절이 통보되기 일쑤다. 협조 요청을 받아들이기 위해서는 물론 이 방호장비가 관련이 있다는 명백한 증거자료가 제시되어야 한다.

새부리 마스크를 쓰고 있는 역병 의사의 모습은 오늘날 "페스트"라는 감염병의 초상으로 굳어져 있다. 이 마스크가 풍기는 인상은 너무나도 강렬해서 역사학 전문가들마저 그 역사적인 배경을 구체적으로 캐묻지 못하고 묵시록적인 괴기스러움에 쉬이 휘둘려 박물관 방문객들 대다수가 느끼는 것과 비슷한 정체 모를 공포심에 함께 휩싸이곤 한다. 새부리 마스크는 오늘날 다수의 박물관들에서 기획되고 있는 여러 페스트 전시회에 결코 빠질 수 없는 핵심 소품들 가운데 하나이며,• 오늘날 전염병의 역사와 관련된 각종 문헌들에서 가장 주목받는 소재가 되고 있다.[1] 역병 의사 마스크라는 이 역사적 존재는 페스트가 무엇인지를 총체적으로 말해주는 일종의 상징처럼 통하고 있다.

• 예를 들어 최근 베를린 시립박물관의 새로운 상설전시인 30년 전쟁기의 역병에 관한 전시실에서 매우 정교하게 만들어진 역병 의사의 실물 크기 모형을 선보인 바 있다.

그런데 이 강력한 상징성이 정말 역사적인 사실들에 부합하는 것일까? 그러니까 전염병이 창궐하던 시기에 이 기괴한 형태의 방호복은 정말로 널리 사용되었고, 실제로 중요한 역할을 수행했을까 하는 것이다. 특히나 독일 의학사 박물관의 소장품(그림 5-1)에 국한시켜 볼 때, 이 역병 의사 마스크는 실제 역사에서 사용되었던 수많은 역병 의사 마스크들 가운데 하나인 "진품"일까, 아니면 누군가가 전염병 방역 외에 다른 목적으로 일부러 제작한 유일품일까?

이 글은 이런 질문들을 역사에 기록된 자료들을 바탕으로 면밀히 검토한다. 그리고 페스트 유행 당시 의사들이 일반적으로 입었던 복장에 관해, 나아가 이 특수한 종류의 마스크 착용에 관해 세심하게 살필 것이다. 이런 검토를 통해 최종적으로는 독일 의학사 박물관이 소장하고 있는 견본품과 베를린 독일 역사박물관DHMB에 소장되어 있는 견본품 사이의 유의미한 비교 가능성을 모색해볼 것이다.

역병 시대의 보호복: 재료와 제작 방식

의사들이 직업적으로 특수한 복장을 갖추게 된 것은 대략 19세기 말로, 세균의 존재에 관한 새로운 인식이 축적되고 세균학이 체계화되기 시작했을 때부터라고 할 수 있다. 그러니까 의사들의 전형적인 작업 복장은 새로운 세균학적 지식에 대한 반응이었던 것이다. 그전까지는 의사(메디쿠스medicus, 대학에서 전문의 과정을 수료한 의사)도 외과의(키루르구스chirurgus, 손기술적인 훈련 과정을 밟고 주로 외상을 치료하는 의사)도 모두 본인이 속한 시민 계층의 일반적인 복장을 그대로 입고 직업 활동을 영위했다. 다만 무엇을 입고 있든지 간에 의사들과 외과의들은 언제나 말끔하게 손질된 복장을 갖추고 친절한 태도와 깍듯한 예절로 의뢰인인 환자들을 대함으로써 이들로부터 신뢰를 얻어야 했다. 이는 기실 고대 이래로 계속된 일종의 불문율이다.[2] 물론 역병이 대규모로 유행하는 시기에는 다른 것들이 훨씬 중요해진다. 역병 유행기에는 말쑥한 복장과 환자들에게 좋은 인상을 남기는 것보다 환자들의 방문으로부터 자신의 건강을 보호하는 것이 훨씬 더 중요한 문제였다.

세균학이 확고히 자리 잡기 전까지 감염 현상은 물질적인 관점에서 대체로 다음의 두 가지 방식으로 설명되곤 했다. 어떤 독성물질이 공기를 오염시킨 후 그 오염된 공기—당시에는 흔히 "페스트 안개"라고 불렸던—에 의해서 또는 특정한 병원성 물질에 의해 감염이 매개되고 확산된다는 것이었다. 당시 사람들은 환자들의 임시 처소에서 약초를 태우고 연기를 피움으로써 소위 "페스트 안개"를 훈증해내고 공기 중에 부유하는 병원성 독성물질을 차단하고자 했는데, 이는 당시로서는 매우 유용하고 나름 검증된 방호수단이었다. 환자와 접촉을 피할 수 없는 경우 향식초에 적신 스펀지나 식초에 절인 방향성 약초를 담아놓은 작은 자루를 코앞에 갖다 댐으로써, 호흡기를 통해 유입되는 유해한 외부 공기를 어느 정도 정화시킬 수 있었다.[3] 당시의 방역 지침에 따라 의사들은 손목 부위가 좁게 마감 처리된 긴소매 옷을 입었고, 불가피한 경우 토시를 착용했다. 이런 복장은 모두 병원성 물질이 옷 아래로 침투해 들어오는 것을 막기 위한 것이었다. 또한 병원성 물질이 의복 표면에 달라붙어 오랫동안 남는 것을 막기 위해 가능한 매끄러운 재질의 원단을 이용한 복장을 권장했다. 밀폐성을 확보하기 위해 대체로 원사를 아주 촘촘히 짜고, 그 위에다 기름과 밀랍을 발라 갈무리한 압착 아마포가 추천되었다. 이상의 방역 원칙들은 1720년 마르세유에서 대대적으로 발생한 페스트 유행 당시에도 원칙대로 준수되었다. 당시 마르세유에서 활동한 의사들의 전언을 바탕으로 작성된 요한 야코프 쇼이히처Johann Jacob Scheuchzer의 보고서가 이를 잘 보여준다.

> 복장과 관련해서 말하자면 일반 천이나 면 소재 옷감들을 피해야 한다. 이런 재질의 옷감에는 독성 물질이 유독 쉽게 들러붙기 때문이다. 아마포나 비단 또는 인견, 아니면 낙타털로 직조된 옷을 입는 것이 좋다. 불가피하게 환자들과 접촉해야만 하는 경우에는 마르세유 의사들이 입었던 것과 같은 외투를 두르는 게 가장 좋다. 이 외투는 두꺼운 가죽 원단에 밀랍이나 아교로 코팅 처리한 제

품이다. 나아가 모든 옷은 기본적으로 청결을 유지해야
하며, 되도록 자주 갈아입어야 한다. 또한 가끔씩 향을
피워 소독하고 언제나 좋은 냄새가 배어들게 해야 하며,
반드시 깨끗한 공기에서 말려야 한다.[4]

쇼이히처의 권고사항들은 단지 의사나 외과의뿐만 아니
라 페스트 환자의 거주 공간을 소독하는 등 페스트 감염자들을
상대해야 했던 모든 인력에게 적용되었다. 예를 들어 슐레지엔
지역의 행정 명령에 따르면 페스트 퇴치에 나선 모든 사람들은
"밀랍으로 마감 처리된 아마포 원단을 몸에 꼭 맞게 재단한 방
호복과 역시 동일한 재질로 된 방역 장갑"을 반드시 착용해야
만 했다.[5]

전염병 유행 시기의 보호복: 머리 피복

위의 보고서에서 언급되지 않은 내용이 하나 있다. 바로 전염
병 창궐기에 의사들의 머리 또는 안면 보호에 관한 것이다. 이
와 관련해서 쇼이히처의 보고서는 권고는커녕 아예 언급조차
하지 않는다. 하지만 17세기 전염병 퇴치에 나선 의료 인력의
보호복이 머리 피복을 포함하곤 했음을 시사하는 문헌들이 존
재한다. 이를테면 1680년에 발표된 페스트 관련 논문인 「위생
에 관한 단편 논고Einfältiger Discursus Sanitatis」는 장의사, 묘지기,

청소부, 관 제작자가 사용해야 하는, 눈 부분에 유리판이 달린 머리 피복 제작에 관한 상세한 지침을 제공하고 있다.[6]

한편, 1977년 우리 독일 의학사 박물관이 독일의 한 미술품 거래 시장에서 입수한 상아 재질의 작은 입상은 끝이 뾰족한 모자를 쓰고 있어서 얼핏 보면 미국의 KKK단이 연상되는데, 이는 "페스트 방호복을 입은 의사"를 나타낸다고 한다.[7] 1826년에 그려진 한 동판화가 이런 해석을 뒷받침하는데, 이 동판화에는 마르세유에 설치된 격리검사소의 "외과의사"를 그린 것이라는 설명이 적혀 있다.[8] 그런데 마르세유에서 마지막으로 페스트가 발발한 때는 이로부터 거의 100여 년 전의 일이다. 우리 박물관의 상아 입상이 세세한 부분에 이르기까지 위의 동판화와 일치한다는 것은 우리에게 다음과 같은 온당한 물음을 던지게 한다. 이 작은 조각상은 이 동판화를 본으로 하여 만들어진 것이 아닐까? 그러므로 우리는 이 조각상을 당시에 정말로 의사들이 입었던 복장을 증명하는 자료로 보아선 안 되는 것 아닐까?

최대한 몸의 노출을 피하라는 것은 때때로 환자들에게도 적용된 원칙이었다. 『뉘른베르크 연대기*Nürnberger Chronik*』에는 뉘른베르크의 거대 포도주 생산·유통업자 볼프 노이바우어 Wolff Neubauer d. J.의 채색 판화가 실려 있는데, 여기에는 1562년 뉘른베르크의 페스트 발병 상황이 잘 그려져 있다.[9] 페스트에 감염된 환자들은 들것에 실려 도시 성문 밖에 설치된 임시수

용소로 이송되었는데, 이때 환자들은 모두 검은색 망토를 두르고 있었다. 이렇게 환자들에게도 검은 망토를 두르게 한 방역 원칙은—당시의 의학적 지식에 따라—추정컨대 감염자로부터 뿜어져 나오는 유독한 훈기로부터 감염되지 않은 도시민들을 보호하는 것은 물론, 환자의 모습과 결부된 감정상의 격렬한 동요를 미연에 차단하고자 한 조치였을 가능성이 농후하다.

전염병 창궐 시기의 보호복: "새부리"

17세기에 이르러 의사 보호복의 기능은 한층 향상되었다. 의사들의 코앞에 자그마한 방향제 주머니(또는 통)가 설치된 것이다. 이것은 무엇보다 의사들의 들숨과 날숨을 청결하게 유지하기 위해 고안된 장치로, 이를 통해 의사들은 양손을 자유롭게 사용할 수 있게 되었다. 환자 방문 시 더 이상 방향제 통이나, 방향제를 머금은 스펀지 아니면 약초 쌈지를 손수 코앞에 대고 있을 필요가 없어졌다. 이 같은 장치를 처음으로 고안해낸 사람으로는 으레 프랑스의 국왕 루이 13세의 주치의였던 샤를 들로름Charles Delorme이 지목되곤 한다.[10]

전염병이 대규모로 유행하는 시기에 방향제 쌈지나 통이 사용되었다는 최초의 증거는 1656년 로마를 휩쓸었던 페스트와 관련된 자료들에서 나온다. 덴마크의 의사 토마스 바르톨린Thomas Bartholin(1616~1680)은 자신이 편찬한『해부학과 의학

[그림 5-2] 1656년 로마의 대역병기에 가림막 방식의 ("가림형") 새부리 마스크를 낀 의사 그림. (바르톨린 1661, 레겐스부르그 국립도서관 소장본 Sign. 999/Med. 675 (1/6), Digitalisat: urn:nbn:de:bvb:12-bsb11106607-7)

에서의 희귀 물품들에 관한 자료집』(1661)에서 "전염병 발병기 의사 복장"의 문제도 심도 있게 다룬 적이 있는데, 이 주제를 그의 자료집에 포함시켰던 결정적인 계기는 바로 로마에서 그에게 특별히 배송된, 흡사 새부리처럼 보이는 보호장비를 머리에 뒤집어쓴 의사를 묘사하고 있는 한 장의 그림이었다(그림 5-2).[11] 바르톨린은 과거에 출간된 저술들을 바탕으로 수년 전 로마에서 대대적으로 창궐했던 페스트 시기와 평시의 의사 복장에 관해 설명했다. 그의 설명에 따르면 페스트 퇴치에 나선 의사들은 대체로 병원성 물질이 쉽사리 달라붙지 못하는 압축 아마포 원단으로 만든 가운을 입었다. 왼손에는 지휘봉처럼 보

[그림 5-3] 1720년 마르세유에서 창궐한 페스트 대유행기에 ("덮개형") 새부리 마스크를 쓴 의사 그림. (망제 1721, 주립 할레 대학도서관 소장본. Digitalisat: urn:nbn:de:gbv:3:1-158725)

이는 막대기를 들었는데, 이는 그들의 권한과 직위를 말해주는 표식이었다. 그리고 머리에는 안면을 보호하면서 향기 나는 방향제를 집어넣은 새부리 마스크를 뒤집어썼다. 바르톨린은 이같은 가운과 마스크의 조합을 "단일 복장"이라고 불렀다. 즉, 당시 의사들이 동일하게 입었던 "특수한 복장singularis habitus"이라는 것이었다. 손에는 막대기를 들고 머리에는 새부리 마스크를 뒤집어쓴 로마 의사의 모습은 코펜하겐의 의사에게는 분명 낯선 동시에 참신하게 다가왔을 것이다.

바르톨린의 자료집이 출간되고 60여 년 후 제네바의 의사 장-자크 망제Jean-Jacques Manget(1652~1742)가 『전염병학 개론

Traité de la Peste』을 출판했다. 망제가 페스트와 관련된 각종 문건과 서신 교환을 바탕으로 개론서를 직접 쓰게 된 계기는 프랑스 마르세유에서 일어난 페스트 유행이었다. 망제의 개론서 첫 장을 장식하는 것은 바로 새부리 마스크를 쓴 의사를 그린 동판화다(그림 5-3). 이 그림에는 다음과 같은 설명이 달려 있다. "의사와 페스트 감염 환자를 접촉했던 사람들이 걸쳤던 긴 외투는 레반테 지역•에서 생산되는 "모로코" 가죽을 원단으로 하고 있으며, 머리에 뒤집어쓴 새부리 마스크는 수정으로 된 안경과 각종 방향제로 채워진 긴 부리로 이루어져 있다."[12] 이 짤막한 설명은 개론서 2부에서 보충되고 상세히 다루어진다. 2부의 보충 설명에 따르면 이 방호복은 마르세유의 페스트 창궐 때 처음 고안된 것이 아니라, 이탈리아에서 이미 오래전부터 널리 사용되어온 것이다. 망제는 가죽 재질의 "새부리"에는 콧구멍이 두 개뿐이지만, 호흡에 전혀 문제가 없었음을 확실히 해두고자 했다. 망제에 따르면, 새부리 내부에 들어 있는 방향제가 외부의 악취를 걸러내고 의사들이 향기를 맡게 했으며, 이로써 무시무시한 페스트로부터 의사들을 보호하는 구실을 했다.

삽화 속 역병 의사가 걸치고 있는 긴 외투는 부드럽게 무두질이 된 염소 가죽을 원단으로 제작된 것이다. 당시 염소 가

• (옮긴이) 소아시아, 시리아, 이집트의 연안지역.

죽은 매우 촘촘하고 매끄러운 표면으로 인해 유해물질이 달라붙는 것을 막는다는 점에서 아마포와 비교할 때 방호 성능이 더 높다고 여겨졌다. 염소 가죽은 다양한 방식으로 가공되었고, 시장에서 널리 거래되고 있었다. 당시 사람들은 오스만 제국의 비밀공법에 따라 정교하게 갈무리된 최고급 품질의 "모로코" 가죽을 붉은색 등 색색으로 구입할 수 있었다고 한다.[13] 이와 대조적으로 주로 함부르크와 뤼베크에서 가공 및 처리된 "코르도바" 가죽은 오직 검은색으로만 제작되었다. 이 가죽으로 재단된 검정 외투는 아마도 죽음과 비탄의 심경을 떠올리게 만드는 음울한 분위기를 자아냈을 것이다.[14]

외관상의 유사성에도 불구하고 바르톨린과 망제의 삽화는 분명한 차이가 있다. 바르톨린의 삽화(그림 5-2)에서 역병 의사는 맨손이지만, 망제의 삽화(그림 5-3) 속 의사는 가죽 장갑을 끼고 있다. 이 장갑은 손목 부위가 좁게 마름질된 긴소매의 망토 위를 덮고 있다. 하지만 더욱 두드러지는 차이는 두 삽화의 머리 부분이다. 바르톨린의 삽화에서 역병 의사가 착용하고 있는 마스크는 안면을 가리는 새부리 형식이며, 그 부리 위로 안경테가 장착된 모양을 하고 있다. 이 안경테는 흡사 즉흥적 희극인 코메디아 델라르테의 주요 등장인물인 도토레를 연상시킨다.• 이 가림형 새부리 마스크는 한껏 치켜세운 깃과 머

• (옮긴이) 코메디아 델라르테Commedia dell'Arte는 즉흥 연기로

리에 쓰고 있는 박사 모자와 결합되면서 비로소 기능상 완전체를 형성한다. 반면 망제의 삽화 속 역병 의사의 안경은 아예 머리 덮개 자체와 일체를 이루고 있으며, 머리 덮개도 머리부터 어깨까지 완전히 뒤덮고 있는 모양새다. 역병 의사를 묘사하는 이후의 모든 그림들에 등장하는 새부리 마스크들은 모두 이 두 모델을 기본으로 하고 있다. 따라서 앞으로 새부리 마스크를 쓴 역병 의사라는 대상에 관한 논의는 마스크 유형의 구분, 즉 바르톨린 삽화(1661)의 "가림형"인가, 아니면 망제 삽화(1721)의 "덮개형"인가에 준해서 이루어질 것이다.

코 앞부분에 주머니가 달린 새부리형 마스크가 사용되었음을 입증하는 가장 오래된 자료들은 17세기로 거슬러 올라간다. 다만 이들은 프랑스와 이탈리아에 국한되어 있었다. 독일어권에서는 이에 해당되는 증거가 발견되지 않았다.▲ 따라서 그 이전 시기, 즉 중세 후기부터 16세기 초엽까지 유럽 전역을 휩쓸었던 "검은 죽음"인 흑사병의 대유행 시기에 이 새부리 마스크가 사용되었으리라는 추정은 일단 부정될 수밖에 없다. 이 눈에 띄는 방호장비에 대한 논의나 사용에 대한 언급들이 현재

이루어진 가벼운 희극으로 한국의 마당극과 흡사하다. 여기서 도토레Dottore는 이탈리아 말로 '박사'를 뜻하는데, 마당극의 '양반'과 같이 델라르테에 고정적으로 등장하는 인물이다.

▲ 1741년에 출간된 제들러 백과사전의 "역병 의사Pestarzt"나 "역병 환자 시중Pest-bediente" 항목에도 직업적 보호장비에 관한 언급이 전혀 없었다.

까지는 이 시기에 출판된 어떤 문헌이나 인쇄물에서도 발견되지 않았다.•

독일 의학사 박물관이 소장한 역병 의사 마스크

확인된 자료에만 기초한다면, 새부리 마스크 또는 이와 유사한 피복구는 사실상 시간적으로나 공간적으로 매우 한정되어 있었던 것으로 추정된다. 우리 독일 의학사 박물관에 전시되어 있는 역병 의사의 머리 피복구(그림 5-1) 역시 예외는 아니다. 이 마스크는 2002년 슈투트가르트의 미술품 경매시장에서 구매한 유물인데, 안타깝게도 그 유래에 대해 추적할 수 있는 것은 이를 경매시장에 출품한 골동품상의 설명이 전부로서, 그 이전의 발자취는 전혀 알 수 없다. 따라서 그것이 프랑스에서 유래한 것인지 아니면 이탈리아에서 전래된 것인지도 알 수 없다.

우리 박물관의 새부리형 마스크는 매우 촘촘하게 직조되고 풀을 한껏 먹여 그 자체로 방수가 되는 아마포를 원단으로 삼고 있으며, 부리 부분은 가죽 재질로 되어 있다. 이런 마스크

• 이에 대해서는 쾰른의 클라우스 베르크돌트Klaus Bergdolt 교수와 에를랑겐의 프리츠 드로스Fritz Dross 교수, 뮌헨의 안네마리 킨젤바흐Annemarie Kinzelbach 박사에게 확인받았다. 나와 흥미로운 토론을 나눈 뷔르츠부르크의 미하엘 스톨베르크Michael Stolberg 교수에게도 감사를 표한다.

의 재료 사양은 당시 권고된 원칙들에 매우 충실한 것이었다. 한편, 2013~14년에 시행된 복원 사업을 통해 마스크에 관한 새로운 사실이 밝혀졌다. 직물과 가죽 제품에 관한 전문 복원사에 의해 수행된 이 작업은 다음과 같이 이루어졌다. 먼저 마스크의 표면을 깨끗하게 닦아낸 후 안감을 교체했다. 이어서 닳아 해진 부분을 튼튼하게 누비고 갈라 터진 부분은 단단히 박음질했다. 끝으로 부리, 천 그리고 이음새가 자체 무게 때문에 최대한 주저앉지 않게끔 부리와 안면을 연결하는 고정대 밑에 견고하게 속을 채웠다. 이로써 독일 의학사 박물관의 마스크는 말끔하게 재단장되었다. 이 같은 수리 및 보수 작업을 통해 해당 마스크의 제작 방식이 17세기나 18세기의 방식과 대체로 일치한다는 점이 분명해졌다. 마스크의 주된 이음새는 원래 홈질과 새발뜨기 방식으로 바느질되어 있었고, 마스크 안쪽의 짜임새는 상대적으로 더 많은 품이 들어간 것으로 보였다. 우선 안면을 보호하기 위한 다양한 조치들을 엿볼 수 있다. 안쪽에는 안면을 보호하기 위해 귀와 입 부위까지 덮는 아마포 재질의 안감을 댔고, 뒤통수 부위에 박음질 처리한 작은 구멍을 통해 단단하게 죌 수 있도록 설계되었다. 이마를 크게 두르면서 누비질된 부분은 두터운 머리띠 구실을 하며, 이로써 마스크 전체는 머리 위에 안정적으로 놓이게 된다(그림 5-1 참고).[15] 대략 20센티미터 길이의 부리에는 방향제를 넣기 위한 여유 공간이 있는데, 방향제는 부리와 안면 사이 공간을 통해서 삽입되었던 것으로 보인다.

하지만 이 같은 마스크가 의사들이 환자들을 방문할 때 실제로 유용하게 쓰였을까? 누구든지 이 마스크를 직접 써본다면 그 실질적 쓸모에 일단 의심이 갈 수밖에 없다. 이와 관련해서는 무엇보다 다음의 두 가지를 들 수 있다. 첫째는 안경의 양쪽 렌즈가 서로 너무 멀리 떨어져 있다는 점이다. 이 마스크의 안경은 일반적인 눈 사이 간격보다 훨씬 멀어서 의사들의 시야 확보를 어렵게 한다. 둘째, 부리에는 그 어떤 구멍도 없다. 콧구멍이 없어서 유입 공기의 정화와 방향이라는 원래의 목적은 고사하고, 사용자들을 만성적인 호흡곤란에 시달리게 했을 것이다. 이 같은 호흡곤란은 원단의 미세 구멍들이 오염된 공기를 차단하기 위해 박막 처리되고, 아울러 목 부위를 팽팽하게 조일 수 있도록 마감 처리한 결과 더 가중되었을 것이나. 또 마스크 안쪽에는 사용된 흔적이 전혀 남아 있지 않다. 따라서 실제 사용 여부에 대해 여러 의심이 들 수밖에 없다. 사용 여부에 대한 최종적인 판명은 아직 수행된 바 없는 마스크의 소재에 대한 과학적 분석을 통해서만 가능할 것이다.

독일 역사박물관의 역병 의사 마스크와의 비교

베를린에 소재한 독일 역사박물관 동료들의 협조 덕분에 독일 내에 현존하는 또 다른 새부리 마스크를 우리 박물관의 마스크

[그림 5-4] 베를린 독일 역사박물관이 소장 중인 역병 의사 마스크. (독일 역사박물관 전시품. DHM, Inv.-Nr. AK 2006/51. Foto: C. Schlegelmilch)

와 비교해볼 수 있었다(그림 5-4).•

이 새부리 마스크의 역사적 궤적 역시 판매자에서 끊긴다. 독일 역사박물관은 상설 전시품들을 재편하던 가운데 2006년 오스트리아의 한 경매시장에서 이 마스크를 구입했다. 이 새부리 마스크는 독일 또는 오스트리아에서 만들어진 것으로 알려졌지만 최신 연구들에 따르면 그리 신뢰할 만한 설명은 아닌

• 큐레이터인 자비네 비트Sabine Witt 박사, 복원사 유타 페쉬케Jutta Peschke, 그리고 베를린 독일 역사박물관 사진 자료 보관소의 아네-도르테 크라우제Anne-Dorte Krause가 보여준 후의에 감사를 표한다.

듯하다. 다만 재질이나 작업 방식을 보면, 이 마스크의 제작 시기는 "1650~1750년 사이"가 분명해 보인다. 역사박물관의 새 부리 마스크 견본 역시 셀레나이트 재질의 안경은 우리 박물관의 소장품과 마찬가지로 실제 눈 위치와 크게 차이가 난다. 하지만 이 견본품은 외부의 신선한 공기가 유입될 수 있는 클로버 모양의 "콧구멍"이 양쪽으로 뚫려 있다는 점에서 우리 박물관의 마스크와 차이를 보인다.

또 다른 차이는 부리 아래쪽으로 가죽끈을 꼬아 만든 격자가 설비되어 있다는 점이다. 이 격자 때문에 각종 첨가제들, 이를테면 방향제를 흠뻑 머금은 스펀지, 약초 쌈지 등을 부리 안으로 집어넣기가 어렵기는 하지만, 일단 투입되고 나면 밖으로 잘 빠져나가지 못하게 해준다. 첨가제가 유출되는 일은 마스크를 쓴 사람 입장에서 여간 곤혹스러운 일이 아니었을 것이다. 한편, 방향제로는 약초나 향수 외에도 나무 수액이나 오일 역시 적절히 활용되었다고 한다.

독일 역사박물관의 마스크에서 혼란스러운 점은 바로 재질의 선택이다. 이 마스크의 원단은 무명 벨벳이다. 그런데 당시 무명은 감염 방호복의 원단으로는 매우 부적절하다고 알려져 있었다. 당시의 의학 상식에서는 병원체가 무명 옷감에 유난히 잘 달라붙는 것으로 간주되었다. 아무리 무명 원단에 왁스로 풀을 먹인다고 해도, 또는 안감으로 쓰이는 무명을 표백 처리하지 않는다고 해도, 병원체가 유착하기 용이하다는 점이 바뀌지는 않는다. 설사 이 새부리 마스크가 실제로 사용된 흔적을 분명히 남기고 있다 해도, 페스트 유행 시기에 이런 재질의 마스크가 널리 활용되었을 가능성은 거의 없어 보인다.

나가며: 지극히 단편적인 현상

소위 "새부리 마스크를 쓴 역병 의사"는 페스트 대유행의 지극히 주변적인 현상일 뿐이었다. 따라서 "새부리 마스크를 쓴 역병 의사"라는 존재는 페스트 창궐에 관한 유럽인들의 집단 기억 속에 확실하게 자리 잡기에는 한참이나 모자란 것이었다. 페스트 창궐에 관한 당대의 그림들에서 새부리 마스크를 뒤집어쓴 의사는 거의 눈에 띄지 않는다. 대다수의 그림에서 주된 소재는 극심한 고통에 시달리는 환자들, 죽어가는 사람들, 그리고 이미 죽은 사람들이다.[16] 그렇다면 어떻게 "새부리 마스크를 쓴 역병 의사"가 오늘날 페스트를 총체적으로 상징하는 화신이 될 수 있었던 것일까?

"새부리 마스크를 쓴 역병 의사"는 말하자면 일종의 상상의, 혹은 가상의 경력virtuelle Karriere을 쌓았다고 할 수 있다. 다시 말해 이를 페스트의 화신으로 자리 잡게 한 것은 역사적으로 실재했던 실체적 활동들이 아니라 대략 18세기 전후로 유럽 전역에 배포되었던 수많은 유인물들을 통해서였다. 대표적인 것이 바로 독일 뉘른베르크에 소재한 국립 게르만 박물관에서

원본을 소장 중인 한 장의 채색 삽화다. 1720년 프랑스 마르세유에서 가죽 재질의 방호복을 입은 채 페스트 퇴치에 나선 몽펠리에 대학교 총장을 그린 그림이다(그림 5-5).

　이 유인물 아래쪽에 독일어로 설명이 쓰여 있기는 하지만, 정작 설명 대상이 되고 있는 페스트 유행은 독일어권 바깥 지역, 이를테면 남부 프랑스(마르세유) 또는 이탈리아(나폴리, 로마) 등에서 일어난 사건들이다. "외지에서 일어난 페스트"에 대한 묘사는 때때로 아주 기괴한 모습으로 그려지기도 한다(그림 5-6).

[그림 5-5] 1720년 마르세유에서 페스트가 창궐했을 때 "덮개형" 새부리 마스크를 뒤집어쓴 의사 (몽펠리에 총장)의 모습. (뉘른베르크 국립 게르만 박물관 아카이브. Inv.-Nr. HB 13157)

이 유인물들은 뉘른베르크와 아우구스부르크 같은 독일 남부 도시들에서 인쇄되었다. 아네마리 킨젤바흐Annemarie Kinzelbach가 최근 분명하게 지적한 것처럼, 18세기에 이런 도시들에서 페스트가 창궐하지 않았다는 사실은 국가 체계가 굳건하고, 국가의 의료 체계가 제대로 작동하고 있음을 보여주는 일종의 증표로 통했다.[17] 타국의 페스트 상황을 전하는 유인물들은 말하자면 정치적 선전을 위한 매우 유용한 도구였던 셈이다.

예나 지금이나 이 같은 선전들이 꾀하는 차별성과 우월성의 언어는 여전히 유효하게 작동한다. 목적이 확연하게 다르

[그림 5-6] 1720년 마르세유에서 페스트가 창궐했을 때 가림막형 새부리 마스크를 쓰고 있는 의사의 모습. 요한 멜치오어 퓌슬리(1677~1736)의 작품이다. (뉘른베르크 국립 게르만 박물관 아카이브. Inv.-Nr. HB 25623)

다 해도 말이다. 새부리 마스크를 뒤집어쓴 의사의 모습을 담은 유인물들이 의도하는 바는 자명하다. (아마도 훨씬 덜 효율적인) 동시대 남부 유럽 국가들의 의료 체계와 자국의 의료 행정을 구별 짓기 위해 널리 통용되었던 것이다. 이와 달리 오늘날 차별성과 우월성의 언어는 통시적으로 기능한다. 그것은 보다 널리 확산되어 있는 욕구, 즉 우월한 우리들의 "오늘날"을 어둡고 열등하며 모호한 "과거"로부터 분명하게 차별화하려는 욕구를 충족시킨다. 이 같은 극명한 대비 가운데 과거의 의료는 미신이나 마법과 마구 혼재되어 있는, 결국에는 의학적인 무기력을 의미하는 것으로 규정되고 만다.

"새부리 마스크를 쓴 의사"는 검은색 가죽, 죽음의 기운, 그리고 매우 불투명한 역사 이해가 뒤엉켜 만들어진 산물이다. 이 의사는 어떤 면에서 우리 시대의 폐부를 정확하게 찌르고 있다. 역병 의사는 오늘날 다시 한번 (이번에는 디지털로 매개된) 미디어의 과장광고를 경험하고 있다. 역병 마스크는 저승사자 분위기를 한껏 자아내는 고딕풍의 긴 가죽 외투와 함께 핼러윈을 연출하는 핵심 소품들 가운데 하나가 되었으며, 원한다면 언제든지 온라인으로 손쉽게 구매 가능한 상품이 되었다.[18] 역병 의사도 오늘날 더 이상 낯선 존재가 아닌 것이다. 우리는 실제로 현실 공간이든 가상 공간이든 다양한 공간에서 그와 마주친다. 역병 의사는 화면보호 프로그램의 주요 모티브 가운데 하나이며,[19] 각종 컴퓨터 게임의 주요 캐릭터를 구성하는 인물이다.[20] 그는 베를린 "던전의 페스트 거리"에 나타나고,• "중세 시장"이나 이런저런 공예품 시장에도 나타난다.▲[21] 원래 역병 의사는 현대인들에게 아주 낯선 인물임에도, 우리에게 익숙한 원칙에 기초해 있다는 점 때문에 우리와 연결될 수 있었다. 바로 역병에 걸리지 않으려면 몸을 단단히 감싸라는 것. 오늘날 코로나19 팬데믹은 수제 마스크의 유용성 등을 부각하면서 우리가 여지껏 인식하지 못한 이 원칙의 존재를 상기시켰다.

번역: 정계화

• (옮긴이) 베를린 던전은 흥미거리와 볼거리를 제공하는 일종의 도시 유흥시설이다. 어두운 공간에다 각종 괴기스럽고 해괴망측한 인물이나 장치를 설치하고, 베를린시의 어두운 역사를 몸소 체험할 수 있다고 선전되는 도시 관광 거리다. 놀이동산에서 흔히 볼 수 있는 '유령의 집'과 같은 곳으로 이해하면 큰 무리는 없을 듯하다.
▲ (옮긴이) 중세 시장Mittelaltermarkt은 중세시대의 분위기를 자아내며 당대의 민속축제를 재현한 일종의 볼거리다.

6장
근대 일본의 마스크 문화*

스미다 도모히사

들어가며

그간 일본에서 마스크에 대한 가장 오래된 기록으로 알려진 것은 "호흡기呼吸器, レスピラートル"에 대해 설명하는 1879년 2월의 광고다(그림 6-1). 색은 검은색으로 보인다. 입만 덮는 것(오른쪽)과 코와 입을 모두 덮는 것(왼쪽)의 두 종류가 있다. 광고에는 안쪽에 금속판을 포함하고 있고 국내에서 생산되었으며, 일상용품이자 질병의 예방을 위한 물건이라는 설명이 나온다. 즉 의료 종사자나 환자 대상의 물건이 아니라 일반인을 위한 것임이 강조되었다.

* 이 글의 내용 중 일부는 기번역되어 다음에 게재된 바 있다. 스미다 도모히사, 「코와 입만 가리는 물건: 마스크의 역사와 인류학을 향해」, 『한국과학사학회지』 42(3), 2020, pp. 745~59.

[그림 6-1] 호흡기 광고, 1879. (https://dl.ndl.go.jp/info:ndljp/pid/1182351/42)

이보다 2년 전인 1877년에 간행된 의료용품 카탈로그인 『의술용도서医術用図書』(고쿠다이 주베이石代十兵 편)에도 같은 모양의 마스크 도판이 게재된 바 있다. 또 이 광고는 『의료기계도감医療器械図譜』(마쓰모토 이치자에몬松本市左衛門 편, 1878)과 『의용기계도감医用器械図譜』(시라이 마쓰노스케白井松之助 편, 1886)에도 실렸는데, 그 명칭을 각각 "호식기護息器, レスピラートル"와 "여기기濾気器, レスピラートル"로 표기하고 있다. 이는 1836년 영국인 의사 줄리우스 제프리스Julius Jeffreys가 "레스퍼레이터respirator"라는 이름을 붙여서 특허를 취득하고 후에 발전시킨 물건을 가리켰다.

제프리스는 에든버러와 런던에서 의학을 공부한 뒤 인도

에서 외과의로 일한 인물이다.[1] 1835년에 영국으로 돌아온 그는 폐렴의 기침 증세가 차고 건조한 공기로 인해 악화된다고 생각해 커다란 가습기를 제작했다. 이 가습기는 콜레라 역학 연구로 유명한 존 스노John Snow의 마취제 투입기 개발의 기초가 되었다.

이후 제프리스는 레스퍼레이터를 개발했고 1836년에 특허를 취득했다(그림 6-2). 이 레스퍼레이터는 현재의 마스크와 같은 모양으로 코와 입을 가리며, 안에는 격자 모양의 금속이 들어 있었다. 금속 부분 덕분에 레스퍼레이터 안 공기가 따뜻하고 습하게 유지된다는 원리를 이용한 기기였다. 이는 곧 "환자를 위한 마스크"의 탄생이라 할 수 있었다. 의사의 감독 없이 판매되었기에 레스퍼레이터는 다른 의사들의 비판을 받기도

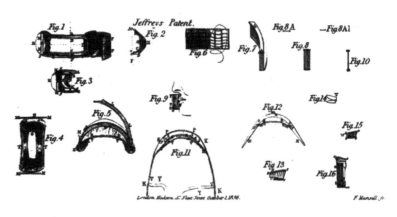

[그림 6-2] 제프리스의 "레스퍼레이터." (출처: J. S. Hodson, "The Repertory of Patent Inventions, and Other Discoveries and Improvements in Arts, Manufactures, and Agriculture," *New Series*, vol. 5, London 1836, pp. 211~19)

했지만, 이 덕분에 제프리스는 1841년 왕립협회Royal Society의 펠로 회원이 될 수 있었다. 레스퍼레이터는 1862년 제2회 런던 만국박람회에도 전시되었다.

당시 일본의 광고를 보면 호흡기 계통 질병을 가진 사람만이 아니라 일반인들도 마스크를 통해 병을 예방할 수 있다는 문구가 적혀 있다. "환자를 위한 마스크"일 뿐 아니라 "일반인의 예방을 위한 마스크"가 이미 이때 등장했다고 할 수 있다. 앞서 언급했듯 이 레스퍼레이터가 일본에 소개되었던 것은 늦어도 1877년의 일이다. 그로부터 19년 후 소설가 이즈미 교카泉鏡花의 작품『요괴 아내化銀杏』(1896)에 "호흡기呼吸器"가 등장하는데, 이 역시 제프리스의 장치와 비슷한 것으로 추정된다. 소설을 조금 들여다보면, 도쿄의 대학에 다니는 30대 초반의 도키히코가 위장병과 폐질환 치료를 위해 수년 만에 가나자와의 집에 돌아갔을 때의 일을 열다섯 살 연하의 아내 테이가 회상하는데, 그때 처음으로 호흡기가 언급된다. 아내 테이는 "거기에 그 호흡기인가 뭔가 하는 걸 입에 밀착해서"라고 말한다. 그러고는 "그걸 쓰고 있는 모습이 웃기게 보였던 탓"에 "무심코 미소를 지었다"고 한다. 선글라스는 도쿄의 "매섭고 건조한 먼지바람을 견디기 위해" 쓰고, "호흡기는 폐병을 고치기 위한 약으로 쓰고 있다"고 하며, "(위생을 위한) 수염"을 길러 "폐병의 벌레"를 방지한다는 표현도 등장한다. 이때 "그 호흡기인가 뭔가"라는 표현을 통해 "호흡기"라는 단어가 사용되기는 하나 아직 일반적으로 정착되지는 않았음을 짐작해볼 수 있다.

코와 입을 가리는 19세기 일본의 물건이 하나 더 있다. 19세기 중반 무렵 이와미 은광石見銀山의 기록에 남아 있는 "복면福面"이다(그림 6-3). 이 복면은 코 부분에 매실장아찌(우메보시)를 넣고, 감즙으로 염색한 비단 천을 안쪽의 금속 틀에 꿰매 붙인 형태였다. 매실장아찌의 산성 성분으로 인해 분진이 붙기 어려웠으며 입에서 타액이 분비되어서 목의 통증을 줄이는 효과가 있었다. 이 복면의 고안자인 미야 다이추宮太柱(1827~1870)는 직접 갱도에 들어가 그 효과를 검증했다고 한다. 복면 그림을 소장 중인 향토사학자 도야 요시오鳥谷芳雄에 따르면, 이 그림은 이와미 은광 지역의 관리인 아베 고카쿠阿部光格가 그린 것으로 추정된다고 한다.

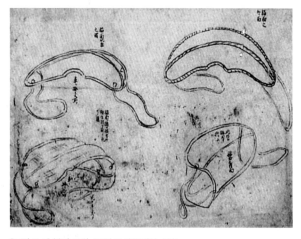

[그림 6-3] 복면 그림. (도야 요시오 개인 소장)

여기서 소개한 19세기의 마스크, 즉 제프리스의 레스퍼레이터와 이와미 은광의 복면 모두, 마스크 안에 금속이나 매실 장아찌를 넣는다는 점에서 코와 입을 가리는 것 자체가 목적은 아니었음을 알 수 있다. 사실 코와 입을 가리는 것만을 목적으로 하는 마스크의 등장은 세균학이라는 학문이 출현하고 난 뒤의 일이다.

수술, 페스트, 독감

의료 종사자의 마스크 착용은 1897년 브레슬라우(당시 독일령, 현재 폴란드의 브로츠와프)의 외과의사 얀 미쿨리치-라데츠키 Jan Mikulicz-Radecki가 시초다.[2] 브레슬라우 대학교의 세균학자이자 위생학자인 칼 플뤼게Carl Flügge가 "비말 감염"이라는 개념을 제안하자, 이러한 지식에 기초해 미쿨리치-라데츠키가 수술을 할 때 마스크를 착용한 것이다. 비말 감염 개념을 제시한 플뤼게는 1885년부터 로베르트 코흐Robert Koch와 함께 『위생 감염증 잡지 Zeitschrift für Hygiene und Infektionskrankheiten』의 편집인을 맡기도 한 인물이었다.

일본에서 마스크가 의료진의 감염병 예방을 위한 도구가 된 것은 1899년이다. 당시 일본 열도에 역사상 처음으로 페스트가 발생했다(그림 6-4). 일본의 의사들은 전염병 유행을 통제하기 위해 페스트에 관한 최신 문헌들을 학습하는 데 열중했다

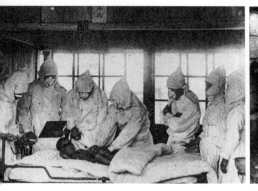

[그림 6-4] 1900년과 1905년 페스트 유행 당시 일본 오사카 모모야마 병원의 의료진.
(大阪市立桃山病院, 『大阪市立桃山病院100年史』, 大阪: 立桃山病院, 1987, pp. 98, 222)

(표 6-1). 우리는 마스크의 물질성에 초점을 맞춤으로써 독일로 부터 받은 두 차례의 영향을 확인할 수 있다. 일본인 의사들이 페스트 관리 대응책을 발전시키게 된 배경에는 독일 전염병 연구의 영향과 일본 내 페스트 유행이 있었다.

이에 관한 내용들은 마스크의 첫 발명자로 알려진 우롄더 伍連德의 저작, 『폐페스트에 관한 논고 A Treatise on Pneumonic Plague』 (1926)에서 발견된다. 여기서 우롄더는 『독일 페스트 방역 보고서』를 폐페스트에 대한 개인 예방 수단을 담고 있는 근대 최초의 자료 가운데 하나로 소개한다. 이 보고서에서 페스트 방역위원회는 젖은 스펀지를 사용해 코와 입을 가리고, 스펀지의 사용 전후에는 소독 처리할 것을 권고했다. 이 보고서가 출판된 직후 일본에서도 마스크 사용을 권고하기 시작했다.[3]

우롄더는 "젖은 스펀지" 사용이 권고된 것은 1899년 『독일

1899년	1897년 인도의 페스트 유행에 관한 『독일 페스트 방역 보고서』 (스펀지 사용 권고)
1899년 10월	독일 페스트 방역 회의 개최
1899년 12월	가나가와현(요코하마)의 페스트 방역 관련 개정 권고 (스펀지 사용 권고)
1900년 3월	기타사토와 이시가미의 『페스트』 개정판에 독일 회의 내용의 번역문 수록
1900년 4월	일본 내무성 위생국이 독일 회의 내용의 번역본 출간

[표 6-1] 1899년 출간된 『독일 페스트 방역 보고서』 및 방역 회의가 일본에 끼친 영향

페스트 방역 보고서』가 처음이라고 말한다. 이 보고서는 1897년 인도에서 페스트가 유행할 때 파견된 독일 위원회가 작성한 것으로, 300쪽가량 되는 이 보고서의 맨 마지막에 최선의 보호 수단으로서 "젖은 스펀지로 코와 입을 막고, 사용 전후에 소독하기"를 제안하고 있다.[4] 우렌더는 또한 "일본 당국자들에 의해 마스크 사용이 권고되었다"고 적는데, 이에 관한 언급이 미국의 『공중보건 보고서Public Health Report』에 기록된 지침에 다시 나타난다. 이 지침은 1896년 3월 이래 요코하마항에서 다수의 페스트 환자가 발생한 가나가와현 지사에 의해 공포된 것으로 다음과 같다.

기침이나 호흡곤란을 동반한 흑사병 의심 환자의 경우 검진 및 이송 시에 환자의 얼굴을 의복이나 승홍 솜으로

덮어두어야 하며 **모든 의사들과 현장 관계자들은 해당 전염병으로 의심되는 경우 평평한 스펀지로 코와 입을 덮어야만 한다.** 이때 스펀지는 그 직경이 4인치 이상이어야 하고, 1:1000 비율의 승홍액으로 처리된 것이어야 한다. 이 스펀지로 방역 활동 내내 코와 입을 덮고 있어야 한다. 이는 환자의 처리 후 가내를 청소하고 소독하는 이들에게도 똑같이 적용된다.

"승홍액" 처리가 추가되기는 했지만, 스펀지로 코와 입을 가리라는 문구는 『독일 페스트 방역 보고서』에 조응하는 내용이다. 이는 일본, 나아가 세계에서 최초로 시행된 공식적인 마스크 방역 지침이겠지만, 1899년 12월 9일에 공포된 실제 일본어로 된 현지사령에는 마스크에 관한 내용이 누락되어 있었다. 사실 우렌더가 인용한 영문 번역은 네 명의 외국인 의학 고문•의 검토 이후에 개정된 지침이었던 것이다. 당시 일본의 외국인 의학 고문 가운데 한 명은 당시 상황을 다음과 같이 전했다.

• 요코하마에서 고문 위원단으로 선임된 외국인들은 다음과 같다. 스튜어트 엘드리지Stuart Eldridge(차석 군의관, 미국 해군병원 서비스/위생 감독관), 에드윈 휠러Edwin Wheeler(대영제국 영사관 의사), P. 코흐P. Koch(독일제국 해군 군의관), 로카쿠 겐키치Kenkichi Rokkaku(하와이 위생감독관, 일본인).

12월 24일 가나가와현 지사가 최근 수립된 일본 의사들의 긴급 위생위원회에서 고문 및 자문 역할을 맡아줄 요코하마의 외국인 의사들을 선발하려 한다며 추천을 요청해왔다. 이 고문 위원단은 이미 시행 중인 긴급 조치들은 물론 1900년 6월 29일 26번째 보건위원회 보고서가 출판된 이래 고안되고 개정된 사항들에 대한 제언을 위해 꾸려졌다.[5]

마스크 조항은 1900년 12월 9일에서 24일 사이에 추가된 것으로 추정된다. 당시 외국인 의사들은 단순히 지침을 검토하는 역할을 했으므로 마스크 조항을 덧붙인 것은 일본 관료였던 것으로 보인다. 어찌되었든 당시 요코하마에서 『독일 페스트 방역 보고서』의 스펀지 마스크 사용에 관한 내용을 쉽게 접할 수 있었다는 것은 분명하다. 보건 행정을 담당하던 내무성 위생국에 의해 1900년 4월에 이 보고서가 정식 번역되었기 때문이다.

한편, 해당 회의의 또 다른 번역이 1899년 12월에 처음 출판된 바 있는 『페스트ペスト』의 수정증보판(1900)에도 실렸다. 95쪽 남짓한 초판을 260쪽으로 늘린 이 수정증보판은 47쪽을 독일 페스트 방역 회의의 번역문에 할애했다. 이 책의 저자는 이시가미 도루石神亨이고, 감수자는 기타사토 시바사부로北里柴三郎였다. 이들이 1894년 홍콩으로 페스트 조사를 떠났을 때 이

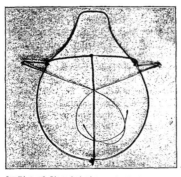

[그림 6-5] 휘브너의 마스크. (Wilhelm Hübener, "Ueber die Möglichkeit der Wundinfection vom Munde aus und ihre Verhütung durch Operationsmasken," *Zeitschrift für Hygiene und Infektionskrankheiten* 28, 1898, p. 357. http://doi.org/10.1007/BF02285377)

시가미가 흑사병에 걸려 사경을 헤맸다는 점도 언급해둘 필요가 있겠다.

위생국과 이시가미의 번역 모두 페스트 방역에 사용할 "가면仮面"으로 "휘브너의 마스크Hübener's Maske"를 언급했다(그림 6-5). 이는 플뤼게의 조수였던 빌헬름 휘브너Wilhelm Hübener가 고안한 수술용 마스크였다.

『페스트』의 저자 이시가미 도루는 1899년 오사카에서 흑사병이 유행했을 때 최전선에서 싸운 방역의 핵심 인물 가운데 하나다. 그는 1896년 홍콩에서 페스트 조사를 마치고 귀국한 뒤 오사카로 활동 근거지를 옮겨 이듬해 이시가미 병원과 오사카 전염병연구소를 세웠다. 또 1898년에는 오사카두묘제조소大阪痘苗製造所의 소장으로 부임했다. 그러다가 1899년 11월 20일 오사카에서 흑사병이 발병하자 기타사토, 시가 기요시志賀潔, 모리야 고조守屋伍造 등의 감독하에 세균학 검사를 수행하는 임무를 맡았다. 이시가미는 1900년 수정증보판 『페스트』의 두 개의 장에 마스크 착용 권고안을 덧붙였다. "간호법에 관한 노트"라는 제목의 장에는 "페스트 폐렴 환자와 가까이 하는 사람은 누구든지 간에 레스퍼레이터로, 혹은 면으로 입과 코를 가리고 안경을 써야만 한다"고 적었다.[6] 또 "페스트 폐렴" 장에서는 다음과 같이 권고했다.

> 의사, 간호사, 그리고 환자와 가까이 하는 모든 이는 특별히 주의를 기울여야 한다. 예방을 위한 가장 실용적인 방법은 호흡자呼吸子, レスピラートル로 입과 코를 완전히 막고, 눈을 덮는 안경을 쓰고, 환자를 검진한 이후 즉시 호흡자를 철저히 소독하는 것이다.[7]

이시가미의 권고안은 그의 책에 실은 『독일 페스트 방역 보고서』 번역본에 제시된 것보다 공기 전파에 더욱 주의를 기울이고 있다. 이는 이시가미가 폐페스트에 감염된 여러 사람들을 직접 본 경험 때문일 것이다. 이시가미의 마스크 권고안은 앞의 20쪽 이상을 폐렴 환자들의 증례 기술에 할애했는데, 식민지 타이완의 호리우치 츠기오堀內次雄의 보고를 시작으로 타이페이와 빈의 실험실에서 보고된 폐페스트 의심 사례 등을 담고 있다. 1899년 11월부터 1900년 1월까지 오사카의 첫번째 흑사병 유행 기간에 14명의 환자가 폐페스트에 걸린 것으로 관찰되었는데, 이시가미는 이 중 세 명의 환자들에 대한 증례 보고와 함께 이들이 다른 11명의 환자들과 어떻게 연결되는지를 상세하게 기록했다.[8] 1899년 12월 26일 이전에 의사 바바 세키카주馬場碩와 와카바야시 케이若林啓가 환자 집에 왕진을 갔다. 바바는 환자가 기침할 때 가래가 튀어 그의 오른뺨에 붙는 것을 느꼈다. 오사카에서는 의사들에게 '호흡자'(마스크)를 착용하도록 권고했기 때문에 바바 역시 마스크를 쓰고 있었을지도 모른다. 1900년 1월 1일 혹은 2일에 와카바야시는 그의 친우들과 모모야마 병원의 의사인 히라타 다이조平田大三에게 다음과 같이 말했다.

> 나는 임무 수행 중에 흑사병에 걸리고 말았습니다. 물론 꼼짝없이 죽고 말겠지요. 나는 이 병이 환자의 호흡을 통해 전파된다고 믿습니다. 훗날 환자와 접촉하는 사람은 누구든지 간에 코와 입을 복면覆面(마스크)으로 덮고, 주기적으로 소독제를 들이켜서 감염을 예방해야만 합니다.[9]

1월 2일에 바바와 와카바야시 둘 다 사망했다. 모모야마 병원의 히라타에게 와카바야시를 데려갔던 의사인 야마나카 도쿠에山中篤衛(47세) 역시 1월 7일에 사망했다. 세 의사의 아내들 역시 모두 감염되어 사망하고 말았다. 이시가미는 12월 31일 밤 와카바야시가 흑사병에 감염되었다고 진단한 당사자였기에 의사들이 반드시 마스크를 써야 한다고 믿을 합당한 근거를 지니고 있었다.

1910~11년 만주에서 페스트가 유행하자 의료 종사자들 사이에서는 감염 예방을 위해 마스크를 쓰는 행위가 확산되었다. 이때의 마스크는 말레이시아 페낭 출신으로 케임브리지에서 수학한 중국인 우롄더가 고안한 것이었다. 1911년 4월에 열린 국제 페스트 회의International Pest Conference에 우롄더와 기타사토 시바사부로를 포함한 11개국 대표가 참석했는데, 이에 관한 일본어 보고서를 보면 의료 종사자의 복면기覆面器 착용이 명시되어 있다.

첫째, 호흡으로 인한 전염을 예방하기 위해 위생대원은 일정의 복면기를 착용할 것.
둘째, 복면기는 삼각 모양 거즈에 면을 넣은 간단한 것도 가능하나 작업 시마다 폐기 또는 소각할 것.[10]

감염 예방을 위한 일반인의 마스크 착용은 1918~20년의 독감 유행을 계기로 미국에서 시작되었다. 당시 샌프란시스코를 포함한 미국의 일부 지자체에서 마스크 착용 조례를 실시했는데, 마스크 착용의 효과에 대해서는 전문가 의견이 나뉘었다.

1918년 12월에 개최되었던 미국 공중보건협회 특별위원회에서도 병원 등에서는 마스크 착용을 강제하는 데 동의했지만, 일반 시민의 마스크 착용에 대해서는 결론을 보류했다.

> [마스크의 착용을] 시민 전부에게 강제하는 조치가 효과 있다는 확실한 근거가 없으므로 위원회는 마스크 착용을 강요해서는 안 된다. 다만 시민 각자가 스스로를 위해 마스크를 착용하고자 할 때는 그 사용 방법을 교육해주어야 한다.[11]

이렇게 마스크는 수술실에서 거리로 확산되어갔지만, 감염병 예방을 위해 일반인이 마스크를 써야 하는지에 대해서는 그 후 100여 년에 걸쳐 논의가 계속되었다.

나가며

일본에서는 1919년 인플루엔자의 유행을 계기로 마스크가 점차 대중화되었다. 1933년 유메노 큐사쿠夢野久作의 소설 『암흑공사暗黑公使, ダーク・ミニスター』에는 "근래 대유행하고 있는 검정 입마개口覆를 썼다"는 표현이 나온다. 스페인 인플루엔자 유행 이후 일본의 마스크 착용의 역사는 생존자들의 여러 증언을 통해 추측할 수 있다. 예를 들어 1930년대 미에현 우지야마다시宇治山田市(오늘날의 이세시伊勢市)에서 자란 오쿠무라 미사코 씨(1929년생)는 바람이 강해 흙먼지가 날리는 날에는 할머니인 미나(1888~1964)가 만들어준 하얀색 마스크를 쓰고 외출했다고 한다. 그녀는 심상소학교밖에 다니지 않았지만 잡지『부인의 친구婦人の友』나『하니모토코 저작집羽仁もと子著作集』등을 읽으며 여러 가지 새로운 마스크들을 제작해보았다고 한다. 한편 미사코 씨 여동생은 기억하지 못하는 것으로 보아 일시적인 일이었는지도 모른다. 미에현 다키多気에서 자란 MM 씨(1927년생)는 추운 아침에 중학교에 통학할 때 마스크를 쓰고 자전거를 탔다고 한다. 검은색 마스크일 때도 있었고, 하얀색 거즈 마스크일 때도 있었다. 우지야마다시 등지에서 소학교 교장을 맡았던 스미다 마사오 씨(1902년생)도 추운 아침에 자전거 통근을 위해 검정 마스크를 썼다고 한다. 호게쓰 리에 씨는 1930년대 [식민지 조선의] 경성부에서 자란 T 씨(1925년생)가 방한용으로 여러 색깔의 거즈 마스크나 구멍이 뚫려 있는 검은색 마스크를 썼던 기억이 있다고 기록했다.

> 겨울에는 거즈 마스크나 벨벳 재질의 검은색이나 빨간색 마스크도 팔았다. 공기가 통하는 소재는 인조가죽이었다. 위도를 생각하면 경성은 니가타현 부근이므로 당연히 겨울 날씨가 추웠다. 또 석탄이나 연탄으로 온돌이나 난로를 데웠기에 마스크를 장시간 착용하고 있으면

벗었을 때 장쭤린張作霖의 수염 같은 흔적이 남아서 웃겼던 기억이 있다.[12]

이렇듯 원래부터 호흡기 보호나 감염병 예방을 위해 사용되었던 마스크가 점차 방진이나 방한을 위해 일상에서 사용하는 물건이 되어갔다. 일본은 전 세계에서 마스크 착용률이 가장 높은 편에 속한다. 1960년대의 대기오염, 1980년대 이후 유행한 삼나무 화분증花粉症 등으로 인해 거리에서 마스크를 쓴 사람들이 있어도 위화감이 없었다.

지금까지 일본에서의 마스크의 역사를 간략히 돌아보며 마스크의 다양한 종류와 사용법을 개관했다. 금속 틀로 이루어진 검은색 마스크는 19세기 폐질환 환자를 위해 개발되었지만, 이후 감염병 예빙을 위한 용도로 많은 사람들이 착용하게 되었다. 한편 미생물학의 발전을 계기로 1897년부터 의료 현장에서 사용되기 시작한 하얀색 마스크는 의료 종사자나 일반인에게 감염병 대책으로 사용되는 동시에 방한이나 패션을 위해 일상에서도 사용되었다. 마스크와 우리의 관계는 점점 더 깊어지고 다양해지고 있다.

번역: 김하정, 현재환

2부 마스크 정치의 지구사

7장
1911년 만주 페스트와 중국에서의
마스크의 역사

장멍

들어가며

1911년 1월 24일, 젊은 영국인 의사 아서 잭슨Arthur Jackson이 평톈奉天(지금의 선양瀋陽)에서 방역 활동을 하던 가운데 폐페스트로 사망했다. 그의 죽음은 곧 논쟁을 낳았다. 논쟁의 초점은 의료용 거즈 두 겹 사이에 순면 또는 모직을 겹쳐서 만든 거즈 마스크가 감염을 막기에 충분히 효과적인가에 있었다. 말레이시아계 중국인으로 케임브리지 대학교에서 공부한 의사이자 하얼빈 보건 행정의 최고 책임자인 우롄더吳連德는 잭슨이 마스크 착용에 소홀했을 것이라고 추측했다. 바로 며칠 전에 유명한 프랑스 의사인 제럴드 메스니Gerald Mesny가 페스트 의심 환자들을 검진하는 도중 마스크를 쓰지 않아서 결국 페스트에 감염되어 사망했다고 알려졌기 때문이다. 하지만 잭슨의 동료들은 케임브리지 대학원에서 열대의학을 전공한 그가 제대로 된 보호 장비, 특히 마스크를 쓰지 않고 방역 활동을 수행했을 리가 없다고 말했다.

잭슨이 감염된 정확한 경로를 알 수는 없지만 그의 비극적인 죽음을 둘러싼 논쟁은 당시 거즈 마스크가 전염병 예방을 위한 개인보호장비의 기준으로 여겨졌음을 보여준다. 이 새로운 거즈 마스크는 "우씨 마스크"로 불렸는데, 일부 역사학자들은 이런 종류의 마스크가 만주 전염병 시기에 우롄더에 의해 '만들어'지거나 '고안'되어 열렬한 지지를 받았기에 그렇게 불렸다고 믿는다.

그런데 만약 우씨 마스크가 정말로 완전히 새로운 발명이었다면, 어떻게 1911년에 한 달도 채 안 되는 기간 내에 그렇게 빨리 사람들의 신뢰를 얻고 국제 의학계에서 널리 인정받을 수 있었을까? 우리는 중국의 마스크 착용 역사를 살펴봄으로써 질병 예방 목적으로 사용되는 현대의 마스크가 어떻게 발전을 거듭해왔는지 확인하고, 과학적 발명을 '위인'의 기념물로 치부하곤 했던 휘그주의적인 단순한 과장을 피해야 할 것이다. 이 글은 만주 페스트 유행기에 개인보호장비의 발전 과정을 추적하면서 당시 마스크에 대한 복잡하고 역동적인 지식 생산 과정을 탐구한다. 또한 중국인 의사와 외국인 의사 사이의 불균형한 권력관계가 어떻게 토착 중국인 의사들의 마스크 원작자로서의 권리뿐만 아니라 자신들의 물건에 대해 이름을 명명할 권리

마저 박탈하게 되었는지를 조명해본다.

세균학의 '일상적 기술'로서의 호흡기

호흡기respirator, 呼吸器는 1830년대에 영국 외과의사 줄리우스 제프리스Julius Jeffreys에 의해 처음 발명되었다. 그 형태는 반구 형태의 금속 틀을 거즈나 비단으로 감싼 것이었다. 애초에 호흡기는 흡기 시 공기의 습도와 온도를 조절해서 호흡기 질환을 가진 사람들을 돕기 위해 고안되었다. 하지만 1894년 홍콩에서 치명적인 전염병이 발생하고 세균학자 기타사토 시바사부로 北里柴三郎와 알렉상드르 예르생Alexandre Yersin에 의해 감염균인 페스트균Yersinia pestis이 밝혀진 이후 점점 더 많은 세균학자들이 감염균의 흡입을 피하기 위해 호흡기를 사용하기 시작했다. 예를 들어 1905년 오스트레일리아의 폐페스트 유행 당시 전염병 예방을 담당하던 모든 영국인 의사들은 호흡기를 착용했다. 1910년 11월 대영제국 지방정부위원회가 지역의 전염병 예방과 통제 안내를 위해 발표한 『전염병 보고서*Memorandum on Plague*』에서는 폐페스트 환자 또는 의심 환자와 접촉했을 시에는 코와 입을 가리는 천을 덧댄 호흡기 같은 보호장비를 제대로 착용해야 한다고 분명하게 권고했다.

아시아도 예외는 아니었다. 사실 근대의 열대의학자들은 전염병을 "동양의 질병"으로 생각해왔다. 중국, 인도, 일본의

다양한 지역에서 전염병이 발생하자 동양의 질병을 예방하는 것이 의사들과 지역 당국 모두에게 중요한 의료적, 정치적 사안이 되었다. '호흡기'라는 명칭이 "呼吸器"[huxiqi]라는 중국어로 중국에 도입된 것이 일본에 "レスピラートル"와 "呼吸器"[こきゅうき]라는 일본어로 도입된 것보다 시기상 조금 더 이르다는 점은 짚고 넘어갈 만하다. 적어도 1866년 선교사 빌헬름 롭샤이드Wilhelm Lobscheid가 엮은 『영화자전英华字典』에 'respirator'라는 단어가 "입 덮개, 호흡을 위한 기구"(嘴笠, 呼吸之器)라고 번역되어 수록되었다. 1908년 옌후이칭颜惠庆의 『영화대자전英华大辞典』은 이를 "입 가리개, 호흡을 위한 기구"(嘴套, 呼吸器)라고 번역해놓았다. 1908년에 필립 커슬랜드Philip B. Cousland가 엮은 책 『의학사휘医学辞汇』에는 이 단어가 "입 여과 장치, 입 덮개, 호흡을 위한 장비"(口滤, 嘴笠, 呼吸具)로 번역되었다. 이렇듯 중국에서도 '호흡기'라는 단어가 일본과 마찬가지로 '호흡'과 관련되어 있었음을 알 수 있다.

그간 역사학자들은 거즈로 만들어진, 유사한 형태의 수술용 마스크가 우롄더의 발명품의 주요한 기원 중 하나라고 가정해왔다. 그러나 호흡기의 역사가 잘 보여주듯이, 19세기 말에는 수술용 마스크와 무관하게 세균학 이론을 좇아 거즈 가리개로 세균을 막아 감염을 예방한다는 생각이 자연스럽게 등장했다. 특히 19세기 말 중국에서 수술에 사용되는 마스크가 '호흡기呼吸器'보다는 '얼굴 가리개包面具'로 번역되었다는 점은 중국에서 수술용 마스크가 전염병 방역과 관련된 물건으로 여겨지지 않았음을 시사한다. 흥미롭게도, 만주 페스트 이전 시기에 마스크의 의미는 주로 외과수술 영역 내에서 정의되었고, 이것이 마스크와 호흡기를 구별하게 해준 결코 사소하지 않은 맥락이었다.

만약 호흡기를 착용하는 것이 폐페스트 유행 시에 이미 일반적이었고 '호흡기'라는 외래어를 중국어로 번역할 대안적인 용어들이 많았다면, 왜 만주 페스트 시기에 우렌더 등의 의사들이 사용한 보호장비가 '마스크'(이후 口罩)와 정확히 같은 기능을 했음에도 중화민국 시기(1912~49)의 신조어로 나타난 것일까? 우씨 마스크는 어떤 점에서 종래 호흡기와 달랐을까? 이처럼 상호 연관된 질문들에 답하기 위해서는 우씨 마스크의 탄생을 살펴보아야 하며, 이를 위해서는 1910~11년 만주 페스트 유행 당시의 맥락으로 돌아가야 한다.

만주 전염병과 '마스크'의 등장

1910~11년의 만주 페스트는 수개월 만에 6만 명의 목숨을 앗아간 현대 역사상 가장 규모가 큰 폐페스트 유행이었다. 그전에 열대의학 의사들은 쥐와 벼룩으로 전염되는 선페스트에 훨씬 익숙해 있었다. 폐페스트는 선페스트와 같은 페스트균Yersinia pestis으로 발병되는데, 전염성이 훨씬 강하고 치명적이었다. 균

은 말하거나 재채기할 때 나오는 비말을 통해 퍼질 수 있었다. 만주에서의 이 재앙은 유럽인들에게 중세 흑사병에 대한 끔찍한 기억을 상기시켰다. 유럽인들은 예나 지금이나 중국이 역병의 근원지라고 믿었다.

폐페스트의 전례 없는 유독성으로 인해 만주에서는 선교 의사들, 외국 장병들, 중국 민간인들 할 것 없이 호흡기가 널리 쓰이게 되었다. 일본이 점령한 지역들이 가장 철저하게 준비태세를 갖추었다. 만주 남부 지방의 일본 식민지인 관동주의 총독부는 특히 군대에서 대규모로 호흡기 사용을 의무화했고 만주 지방에서 수백 킬로미터 떨어진 곳의 일본 수비대도 호흡기를 사용했다. 이 과정에서 일본식 호흡기가 중국 북동부의 일반 중국인들의 일상에도 침투했다.

하지만 중국의 전염병 통제 인력들이 사용하는 보호장비는 제각기 달랐으며 그 명칭 또한 다양했다. 북동부의 세 지역에서는 전염병 방역 기구들의 독립적인 행정 권한에 따라 다양한 재료와 모양의 의료용 장비가 만들어지고 판매되었다. 그러나 중국 의사들이 사용하는 대부분의 개인보호장비에는 '호흡'이라는 단어가 붙어 있었다. 펑톈 지역의 격리보호소에서는 '호흡기'라는 말이 사용되었고, 헤이룽장에서는 병원에서 쓰는 보호장비에 대한 규정이 명시되지는 않았지만 쥐 퇴치조가 종종 호흡기를 사용하거나 코와 입을 솜뭉치로 막았다고 전해진다. 우롄더가 최고 의료 책임자이던 하얼빈에서는 병원에서 '호흡기'를 사용하거나 코와 입을 막기 위해 거즈 조각을 사용했다. 하얼빈과 펑톈 전염병 방역 기관들의 시체 처리반은 모두 오늘날 우씨 마스크라고 부르는, 거즈 두 겹에 양쪽 끝에는 세 갈래 끈이 달려 있고 금속 철사 없이 솜으로 덧댄 마스크를 썼다.

이런 잡다한 장비가 우롄더의 자서전에도 기록되어 있는데 많은 역사학자들, 특히 우롄더가 최초의 마스크 사용 주창자라고 믿는 연구자들은 이를 간과했다. 우롄더는 1910년 12월 하얼빈에 도착했을 때 이미 중국 의료 담당자들이 위생대원들에게 "검은색 모슬린 천에 철사망을 덧대어 입과 코를 막을 수 있게 조절 가능한 기성품"이나 "하관을 가릴 수 있는 부드러운 수술용 거즈나 순면" 형태로 된 보호장비를 착용하도록 권고했다는 사실을 알게 되었다.

아이러니하게도 중국인 의사들은 이처럼 호흡기를 '일상적인 기술'로 사용하고 있었으나 외국인 의사들로부터 직접적인 도전을 받게 되었다. 미국의 열대의학 전문가 리처드 스트롱Richard Strong은 펑톈에서 본 이런 개인보호장비를 "mask"라고 불렀다. 중국어로 그 장비의 공식 명칭이 펑톈 병원에서 "respirator"를 번역한 용어인 "呼吸囊"(호흡 주머니)였음에도 말이다.

1911년 2월 스트롱과 세균학자 오스카 티그Oscar Teague는 청나라 정부의 전염병 예방 활동을 돕기 위해 필리핀에서 펑톈으로 건너왔다. 그들은 감염자가 병원에서 '죽기 위해' 이송되는 것을 목격하고 폐페스트가 야기한 공포의 분위기를 실감했다. 당시 중국 의료진들은 모두 "마스크," 고글, 고무장갑, 순면으로 제작된 의복 등 "매우 엄격한" 보호장비를 착용하고 있었다. 이들 역시 동일한 수칙에 따라 동일한 보호장비를 착용했다(그림 7-1).

시각적인 측면에서 그들의 장비를 '마스크'라고 부르는 건 이해할 만하다. 전염병과 사투하는 방역 인력은 감염에 대한 두려움 때문에 눈을 제외하고는 최대한 얼굴을 가리는 경향이 있었고, 그렇기에 이들의 장비는 외형상 대부분의 호흡기와 달라 보였기 때문이다. 하지만 이 같은 신조어의 사용이 스트롱과 다른 외국인 의사들이 이 장비를 새로운 의료 장비로 인식했음을 의미하지는 않는다. 외국인 의사들이 중국식 호흡기의 명칭을

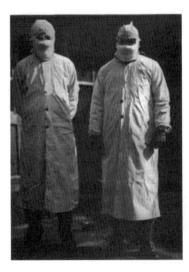

[그림 7-1] 만주 전염병 시기의 의사 리처드 스트롱(오른쪽)과 러시아의 전염병 연구자 다닐로 자볼로트니(왼쪽).

　　　　　　　　　　　　2부 마스크 정치의 지구사

마스크로 재명명한 이유는 이것을 과학적 발견을 체현한 완전히 새로운 장비로 여겼기 때문이 아니다. 이들은 단지 이 동양식 호흡기를 유럽의 호흡기와 구분하고 싶어 했을 뿐이다. 세계 최고의 급성 전염병 실험실을 갖춘 스트롱과 그의 연구진은 평톈에서 사용되던 이 마스크를 연구 가치가 있는 새로운 발명품으로 여기지 않았다. 우렌더와 다른 외국인 의사들도 마찬가지였다. 그러면서도 그들은 이 마스크가 유럽식 호흡기만큼이나 효과가 있다고 믿었다. 즉 그들의 시각에서 볼 때 거즈 마스크는 유럽식 호흡기의 동양판이었던 것이다.

"마스크"에 대한 담론적 헤게모니의 부상

청나라 정부는 우렌더에게 1911년 4월 3일부터 28일까지 평톈에서 국제 페스트 회의를 개최할 권한을 위임했다. 회의에는 11개국에서 총 34명의 대표가 참석했다. 대부분은 세균학 및 열대의학을 전공한 연구자들이었고, 여기에는 일본의 기타사토 시바사부로와 시바야마 고로사쿠柴山五郎作, 상하이 공공 조계의 시 검역관인 아서 스탠리Arthur Stanley, 리처드 스트롱과 러시아 전염병 연구자 다닐로 자볼로트니Danylo Zabolotny 등이 포함되었다. 회의의 주요 목적은 이 전염병으로부터 배운 교훈들을 정리하여 미래 중국의 페스트 예방과 억제를 위한 명확하고 실용적인 가이드라인을 제공하는 것이었다.

호흡기/마스크는 회의의 주요 안건이었다. 유럽과 미국의 많은 학자들은 그것이 폐페스트를 효과적으로 예방할 수 있는 유일한 무기이며 백신과 혈청 요법보다 중요하다고 믿었다. 하지만 대부분의 참석자들은 호흡기와 마스크에 대한 어떤 선행 연구도 한 적이 없었기에 과학적 관점에서 이 보호장비를 판단하기가 어려웠다. 하지만 이들은 중국 북동부가 계속해서 폐페스트의 온상이 될 수 있다는 우려 가운데 적절하고 믿을 만한 호흡기와 마스크를 제공하는 것이 미래의 페스트 방역 인력들을 위해 필수적이라는 데 합의했다. 이제 여러 종류의 호흡기와 마스크 중에서 가장 좋은 것을 결정해야 했다. 이 가운데 서양 의학에 종사하던 한 중국인 의사가 저술한 개인보호장비에 관한 영어 논문이 주목을 받았다.

하얼빈에서 우롄더의 하급 관료로 일했던 팡칭方擎은 회의의 청중들에게 페스트 유행기 동안 그와 중국인 동료들이 사용했던 거즈 마스크의 이점을 상세하게 설명했다. 팡칭은 거즈 마스크들은 하나같이 금속 틀로 이루어져 있지만 "다양한 재료들을 이용한 여러 종류의 마스크들"이 있으며, 각 제품마다 가벼운 무게, 보기 좋은 외관, 착용의 용이성 등 서로 다른 장점들이 있다고 밝혔다. 그럼에도 불구하고 그는 "약 15×10센티미터 크기의 모직을 두 겹의 거즈로 감싼 패드형"이 가장 좋다고 주장하며 다음과 같은 근거들을 제시했다.

우선 패드는 일반 수술용 거즈로 쉽게 만들 수 있다. 제작

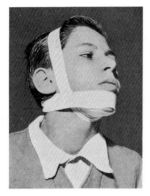

[그림 7-2] 간호학 교과서에 실린 턱 붕대와 페스트 예방 마스크를 묶는 두 가지 방법. (왼쪽: A. Millicent Ashdown, *A Complete System of Nursing*, Waverley, 1917, p. 116; 오른쪽: 俞鳳賓, 「避疫面具之製法及用途」, 『中華醫學雜誌』 4(2), 1918, p. 79.

자는 거즈 양 끝을 두 번 잘라 패드에 세 개의 꼬리가 나게 만들고 두 겹 사이에 얇은 모직을 넣어 거즈 붕대로 만들기만 하면 되었다. 둘째, 집에서 만든다면 개당 2.5센트, 당시 미국 화폐로는 1센트의 비용밖에 들지 않을 것이고, 이는 미국 화폐로 12센트 정도 되는 일본식 호흡기보다 훨씬 저렴하다. 셋째, 세균의 침입을 완전하게 막아줄 수 있다. 넷째, 호흡곤란 없이 편하게 숨을 쉴 수 있다. 다섯째, 착용이 용이하며, 특히 추운 날씨에 쓰기 좋다. 여섯째, 환자의 턱이 움직이지 않도록 하는 "턱붕대"의 방식을 적용해 마스크가 턱 밑으로 내려가지 않도록 고정할 수 있다(그림 7-2). 이 같은 이점들 때문에 팡칭은 이런 패드형의 마스크가 폐페스트를 관리할 때 기도 보호를 위한 수단으로 가장 적절하다고 제언했다.

당시 팡청은 일본에서 의학 학위를 갓 받은 27세의 청년이었다. 학회에서 선배 혹은 스승뻘인 일본 의료계 엘리트들을 마주하며 일본에서 사용되는 보호장비들의 우수성에 노골적으로 의문을 제기하는 연설을 하기란 쉽지 않았을 것이다. 그럼에도 회의에서 그의 논점은 수용되었다. 국제 페스트 회의 의장이던 우롄더가 세운 가이드라인에 따르면, 대표단이 청나라 정부에 제출할 제언은 "실용적이어야" 했다. 페스트 통제와 예방에 관한 제언에서 과학적 측면 이외의 요인들 또한 고려해야 한다는 의미였다. 호흡기/마스크에 관해서는 생산 비용이 결정적이었다. 당시 북동부 지역 세 곳의 전염병 방역 기관들은 총 1,700개가 넘었고 수천 명의 위생대원, 경찰, 시체 운반인에 더해 약 1만 1천 명에 가까운 인력이 동원되고 있었다. 이렇게 많은 수의 페스트 방역 인력이 날마다 사용하는 호흡기/마스크의 수는 막대할 것이었다. 이러한 이유로 일본 호흡기만큼 착용이 편하지 않고 외관상 보기에 좋지 않았음에도 팡청의 마스크가 청나라의 경제적 상황에 보다 적합한 것으로 여겨졌다.

그렇다면 거즈 마스크 개발에서 우롄더가 맡은 역할은 무엇이었을까? 호흡기와 마스크의 효과는 당시 대다수의 세균학자들에게 당연하게 인정되었고, 마스크의 효용성에 관한 논쟁보다는 병인을 이해하는 것이 훨씬 중요한 일로 보였다. 우롄더는 아마 국제 페스트 회의 이전까지는 거즈 마스크에 그다지 큰 관심을 기울이지 않았을 것이다. 회의의 서두에서 우롄더는 페스트 방역 인력들이 커다란 거즈 마스크를 쓴 여러 장의 사진을 보여주었다. 하지만 카메라에 담긴 하얼빈 최고 의료 책임자인 그 자신의 모습은 늘 마스크를 쓰지 않은 맨 얼굴이었고, 사무실에 진지한 자세로 앉아 있거나, 의학 연구자의 외양으로 실험실에서 포즈를 취하거나, 고위 정부 관료 혹은 해외 과학자와 단체사진을 찍기 위해 나란히 앉거나 서 있는 모습이었다. 우렌더의 하급자였던 팡칭은 우렌더가 보호장비를 만드는 데 기여한 공헌에 대해 굳이 언급하지 않았다. 더욱이 팡칭이 발표를 마치고 난 후 우렌더는 거즈 마스크의 이점에 대해 보다 확실한 정보를 달라고 요구했는데, 이는 그가 팡칭의 주장에 완전히 설득되지 않았음을 시사한다. 여기서 우리는 적어도 우렌더가 거즈 마스크의 단독 발명자는 아니라고 말할 수 있다.

어찌되었든 이후 공포된 결의안을 통해 거즈 마스크가 폐페스트 예방을 위한 "최선의 마스크"로 공인되었다. 그러나 팡칭이 중국인 의사들의 집단적인 노고를 치하해야 한다고 주장했음에도 불구하고 그와 다른 중국인 의사들의 기여는 국제 의료 엘리트들 사이에서 인정받지 못했다. 최종 보고서를 편집한 네 명 중 한 명인 아서 스탠리는 보고서에서 "광범한 토의 끝"에 이 마스크가 "완전한" 보호 효과를 갖는다는 데 "만장일치로" 동의했다고 결론지었다. 스탠리가 해당 마스크를 누가 발명했는지에 관해 상대적으로 모호한 표현을 사용한 것은 국제 페스트 회의에서 마스크를 발명자가 딱히 없는 물건으로 생각했음을 잘 보여준다. 따라서 그들은 마스크가 기원했다고 생각되는 장소의 이름을 붙였다. 스탠리와 스트롱은 하얼빈에서 이런 종류의 마스크가 널리 사용되었다는 점을 잘 알고 있었지만 이를 "하얼빈 마스크"가 아닌 회의가 열린 지역의 이름을 붙여 "묵던 마스크"로 부르기로 결정했다(묵던Mukden은 펑톈의 영문명이다). 이는 "묵던 마스크"의 유효성이 하얼빈에서 수행된 중국인 의사들의 실제 방역 경험보다 펑톈에서 개최된 국제 페스트 회의에 기인했음을 보여준다.

557쪽에 달하는 국제 페스트 회의의 공식 영문 보고서에서 "마스크mask"는 95번 언급되었다. 반면 "호흡기respirator"는 단 한 번도 등장하지 않았다. 보고서의 색인에도 "호흡기" 항목은 없고 오직 "마스크"만 기재되어 있다. "마스크" 항목에는 세 개의 하위 항목("최적의 형태의 마스크" "마스크의 제작" "마스크의 가치")이 적혀 있다. 왜 호흡기가 언급되지 않는지에 관한 가능한 설명 중 하나는 전체 보고서 편집과 출판을 이끈 리처드 스트롱이 다른 편집자들과 독자들의 편의를 위해 "호흡기" 대신 "마스크"로 용어를 통일했을 것이라는 추론이다.

이 같은 용어의 통일이 일어난 정확한 이유를 파악할 수는 없지만, 이는 여러 면에서 지대한 영향을 끼치는 결과를 가져왔다. 리디아 리우Lydia Liu가 보여주듯이 언어횡단적 실천 translingual practice은 다른 언어들 간의 "추정되는 공약 가능성

alleged commensurability"을 가져올 뿐만 아니라 영어를 중국어의 "의미의 담지자"가 되게 만든다. 국제 페스트 회의 보고서의 중국어 판본은 영문 보고서를 번역한 것이었다. 그렇기에 국제 페스트 회의에서 "마스크"라는 이름이 채택된 일은 중국에서 전통적으로 사용되던 "호흡기huxiqi"라는 용어를 무효화시키고 "마스크"를 중국어로 번역하려는 새로운 노력을 낳았다. 그 결과 만들어진 중국어 신조어들 가운데 口罩[kouzhao]라는 번역어가 오늘날에도 가장 널리 사용되고 있다.

게다가 "묵던 마스크"는 본래 (우렌더가 아닌 다른) 몇몇 중국인 의사들에 의해 고안된 것인데, 국제 페스트 회의에서 영어가 갖는 언어적 헤게모니 때문에 중국인 의사들은 발명의 소유권과 이름을 붙일 권리마저 잃게 되었다. 실제로 만주 페스트의 위협에서 벗어나 있던 중국 남부의 젊은 중국인 의사들도 묵던 마스크가 외국 의사들의 발명품이라고 잘못 믿고 있었다. 심지어 우렌더의 친구이자 중화의학회Chinese Medical Association의 부회장직을 맡고 있는 위펑빈俞凤宾도 그렇게 믿었다. 이런 식으로 중국에서 "묵던 마스크"는 이전에 사용하던 호흡기와의 인식론적 단절을 예고하며 그 자체로 서구 과학의 최첨단 혁신으로 나타났다.

하지만 중국과 서양 의료계 사이의 다공적인 경계는 이 같은 문화적 헤게모니를 취약하게 만들 뿐만 아니라 유지조차 힘들게 한다. 마닐라로 돌아간 직후 리처드 스트롱과 오스카 티그는 실험실에서 묵던 마스크가 비말에 실려 있는 병원균의 전염을 차단할 수 있다는 점을 증명하려 노력했다. 하지만 이들은 실험 과정에서 바실러스 무해균Bacillus prodigious(세라티아 마르세센스Serratia marcescens)을 넣은 인공 스프레이가 세 겹의 거즈와 면을 바로 통과한다는 점을 발견하고 크게 놀랐다. 당시에는 마스크가 감염을 막아주는 유일하게 확실한 방법이라고 여겨졌기 때문이다. 티그는 만주 페스트 당시 마스크가 보호를 제공해준다는 점이 "의심의 여지 없는" 사실이라고 수용되는 데 일조했음을 후회했다. 스트롱은 이 결과를 그가 편집장이던 『필리핀 열대의학 저널The Philippine Journal of Tropical Medicine』에 실었을 뿐만 아니라 그가 한창 편찬 중이던 국제 페스트 회의 보고서의 제언란에도 긴 각주를 달아 묵던 마스크가 "세균을 차단하지 못한다"는 점을 상기시켰다.

우렌더의 마스크에 대한 실험들

방역 현장과 멀리 떨어져 있는 마닐라에서 실험을 수행한 스트롱은 묵던 마스크의 효과에 대해 냉정하게 비판할 수 있었지만, 중국의 페스트 통제 최전방에 남아 있는 의사들로서는 만주 페스트에 맞서 일궈낸 자신들의 업적을 쉽사리 포기할 수 없었다. 중화민국 정부에 의해 새롭게 설립된 전염병 방역 기관인 동삼성방역사무본부东三省防疫事务总处의 총책임자가 된 우렌더는 이 논란에 대해서는 침묵을 유지한 채 이후 10년간 페스트 방역 활동을 하면서 계속해서 묵던 마스크를 착용했다. 우렌더뿐만 아니라 국제 페스트 회의 보고서 편집에 참여한 아서 스탠리 역시 상하이 공공 조계의 외국인들에게 현지 중국인들로부터 감염되는 일을 막기 위해 묵던 마스크를 착용하라고 설득했다.

1911년까지만 하더라도 우렌더는 국제적으로 알려지지 않은 젊은 중국인 의사였다. 그런 우렌더를 세계가 알아주는 페스트 투사plague fighter로 만들어준 것은 만주 페스트와 그 이후에 잇따른 페스트 유행들이었다. 이를 방역하는 과정에서 우렌더는 중국에서의 페스트에 대한 논문들을 수없이 출판하고 일본, 영국, 유럽, 미국 등지에서 강연을 펼치며 스스로 소위 동양의 질병들에 대한 전문가로 자임했다. 유명한 페스트 방역 장비로 알려진 묵던 마스크는 그의 페스트 연구에 권위를 부여하는 중요한 역할을 하기 시작했다. 이제 우렌더는 의학 연구자로서 마스크의 효과에 대한 분명한 실험적 증거가 필요했다.

1920년 겨울, 폐페스트가 다시금 중국 북동 지역을 휩쓸었을 때 우렌더와 동삼성방역사무본부의 동료들은 체계적인 페스트 통제 조치를 취하는 동시에 일련의 현장 연구와 실험을 시행했다. 당시 우렌더의 야심은 폐페스트의 이해를 두고 오랫동안 이어지던 의학적 논란을 종식시키고 페스트 예방과 치료에 대한 종합적인 대책을 세우는 것이었다. 오늘날의 독자들에게는 우렌더의 실험이 반직관적이고 일관성이 결여된 것으로 보일 수 있겠지만, 묵던 마스크의 효과는 그와 그의 동료 조사관들이 연구해온 많은 중요한 주제 가운데 하나였다.

첫번째 실험에서 우렌더의 동료이자 또 다른 케임브리지 졸업생인 천융한陳永汉은 스트롱과 티그, 그리고 다른 연구자들이 10년 전에 실시했던 것과 동일하게 묵던 마스크에 무해한 비피더스균Bifidobacterium lactis을 뿌리는 스프레이 실험을 수행했다. 결과는 비슷했다. 마스크는 스프레이의 세균을 막아줄 만큼 효과적이지 않았다. 하지만 우렌더는 중국 북동부의 현장 상황은 밀폐된 실험실에서 인공 스프레이를 뿌리는 경우처럼 전염성이 높지 않다고 주장했다.

이를 입증하기 위해 그들은 두번째 실험을 고안했다. 이들은 페스트 병동에서 사용된 15개의 마스크를 수집해 각 마스크의 세 표면(바깥 거즈, 안쪽 거즈, 그리고 거즈 사이의 면) 가운데 페스트균이 어디서 발견되는지를 살폈다. 실험 결과, 15개의 마스크 중에 오직 하나의 표면에서만 양성 반응이 나왔다. 이렇게 적은 샘플로 무엇을 말할 수 있을 것인가. 우렌더는 계속해서 더 많은 데이터를 수집할 예정이었지만 동료 한 명이 갑자기 페스트로 사망하는 바람에 계획을 전면 중단해야 했다고 설명했다. 하지만 동삼성방역사무본부의 공식 보고서에 따르면 그의 동료의 사망일자는 1921년 2월 21일로, 우렌더가 실험을 시작한 3월 3일보다 훨씬 전이었다.

이 실험의 데이터 부족이 분명 동료의 죽음 때문만은 아니었을 것이다. 어쨌든 그 비극은 적어도 묵던 마스크가 갖고 있는 잠재적인 결함을 드러냈다. 비록 우렌더는 이를 인정하지 않았지만 말이다. 그럼에도 그는 페스트 방역 인력에 대한 보호를 강화하기 위해 마스크 바깥 면에 덮개를 추가로 달 것을 급히 지시했다.

이러한 명백한 결함에도 불구하고 우렌더는 1921년 가을에 록펠러 재단Rockefeller Foundation이 후원하는 국제 의학 회의에서 그의 연구를 발표했을 뿐만 아니라 권위 있는 의학 및 역학 저널들에도 글을 기고했다. 우렌더는 티그가 했던 것과 같이 실험실의 시뮬레이션 수준이 아닌 현장에서의 완전한 직접 관찰을 희망하며 그의 실험 현장을 페스트 환자 병동까지 확대했다. 우렌더의 실험은 실로 흔치 않던 현장 관찰 활동이었다. 티그의 실험은 전 세계 어느 실험실에서든 재현될 수 있었지만, 모든 세균학자들이 폐페스트 발병 현장을 직접 목격하고 경험할 기회를 가진 것은 아니었다. 이런 현장 관찰에 기초해서 우렌더는 마스크 착용의 필요성과 효과는 인공적인 실험의 결과로 부정될 수 없다고 주장했다.

우리는 실제 현장에서는 실험 결과만을 토대로 활동하기가 불가능하다는 점을 누차 강조할 수 있을 뿐이다. 분명히 감염이 확산되기 쉬운 조건을 갖췄던 중국 북부에서의 세 번의 폐페스트 유행에서 우리가 얻은 실제 경험은 의심의 여지 없이 마스크의 편을 들어주고 있다.

만주의 마스크 사용을 정당화하기 위해서 우롄더는 현지 조건이 "감염이 확산되기 쉬"웠으며, 전염병은 열대의학의 인종 폄하적인 편견에 들어맞는 동양의 질병임을 강조했다. 이에 대해 루스 로가스키Ruth Rogaski와 다른 의학사 연구자들은 "'현지인'들이 타고난 신체적, 행동적 결함을 통해 질병을 발생시켰다는 생각"이 현대 세균학의 등장으로 사라지기는커녕 오히려 강화되었다고 주장했다. 실제로 우롄더는 "비위생적"이고 "무지한" 사람들이 몰려 있기 때문에 중국에서 전염병이 풍토병이 되었다는 인종주의적 편견을 활용하여 마스크 착용을 정당화했다.

우롄더는 마스크를 보호장비일 뿐만 아니라 개인의 청결을 유지하도록 중국 인민을 교육할 수 있는 강력한 도구로 보았다. 우롄더가 보기에 페스트의 "근원지"라 불리는 만주 지역의 사람들은 현대적 위생 관념이 부족했고 어떤 식으로든 위생 교육을 받을 필요가 있는 존재들이었다. 그는 감염 가능성이 전혀 없는 상황에서도 의사들이 항상 마스크를 착용함으로써 중국 인민들에게 개인 위생의 모범을 보여야 한다고 주장했다. 그 이후로 마스크의 사용은 중국인들을 계몽하는 중요한 수단이 되었다.

[그림 7-3] 우렌더가 발표한 "페스트 방역용 마스크 착용 방법"에 실린 사진. (K. Chimin Wong & Wu Lien-Teh, North Manchurian Plague Prevention Service Reports, 1918~22, Wellcome Collection, https://wellcomecollection.org/works/brsrmh53)

우렌더는 이처럼 마스크의 과학적, 문화적 가치를 증명하는 데서 한 걸음 더 나아갔다. 1921년 록펠러 재단의 국제 회의에서 연설하면서 우렌더는 1910~11년 만주 페스트 방역 당시에 묵던 마스크를 처음으로 도입한 사람이 자신이라고 주장한 것이다. 그는 또한 묵던 마스크를 제대로 착용하는 법을 소개했는데, 이는 오늘날 우리가 마스크를 쓰는 방식과 동일했다 (그림 7-3). 이런 주장에 대해 국내외 동료들에게서 아무런 항의도 받지 않자, 우렌더는 묵던 마스크의 영문명을 "우씨 마스크Wu's mask"로 바꾸었고, 그 결과 마스크 발명은 중국의 페스트 방역에서 그가 공헌한 바 가운데 작지만 중요한 기념비적 사건으로 자리매김했다.

1936년 국민당 정부의 지원으로 우렌더와 그의 동료들은 『페스트: 의료 보건 종사자들을 위한 지침서Plague: A Manual *for Medical and Public Health Workers*』라는 책을 공동 집필했다. 이 책은『미국 의사협회 저널*The Journal of the American Medical Association*』에서 "모든 언어를 통틀어 가장 종합적인 페스트 연구서"로 일컬어졌고 1936년에는 영어로, 1937년에는 중국어로 출판되었다. 영문판은 마스크가 "우롄더에 의해 도입"되었다고 기재했으며, 중문판에는 보다 명시적으로 "마스크는 우롄더에 의해 발명되었다"고 적혔다. 아마도 이 중문판 서적이 우롄더가 묵던 마스크를 발명했다고 믿는 이후의 역사 서술들의 주요 출처일 것이다. 중국의 저명한 의학사학자인 덩톄타오邓铁涛와 청즈판程之范이 공동 집필해 2000년에 출간한『중국 의학 통사: 근대편中国医学通史·近代卷』에서는 만주 페스트 시기 거즈 마스크가 사용된 것은 우롄더의 과학적 발명 덕분이라고 적혀 있으며, 저자들은 그 거즈 마스크를 "우씨 마스크"라고 불렀다.

나가며

마스크라고 부르든, 호흡기라고 부르든 간에 이 같은 용어의 문제는 우리에게 사소해 보일지 모른다. 왜냐하면 오늘날 일상에서는 이 둘을 자유롭게 바꿔 부르기 때문이다. 두 도구의 과학적 기전이 같다는 점을 언급하지 않고서도, 호흡기라는 용어는 훨씬 더 강력한 장비인 N95 호흡기를 의미할 수 있다. 하지만 1911년 국제 페스트 회의에서 "묵던 마스크"에 대한 정당화가 이루어지면서 마스크의 중국어 번역인 "口罩"[kouzhao]는 "呼吸器"[huxiqi]와 다른 유사 번역어들을 대체할 용어로 등장했고, 중국어로 호흡기와 수술용 마스크를 가리키는 기표로 공유되었다.

이는 새로운 과학적 용어의 등장이 단순히 지식 생산의 결과가 아니라 교차문화적 대면cross-cultural encounters 가운데 만들어질 수도 있음을 시사한다. 중국의 호흡기와 묵던 마스크 사이의 거대한 단절은 인식론적 양립 불가능성보다는 언어횡단적 실천의 불일치에 놓여 있다. 호흡기가 현장의 페스트 방역투사들에게 "열대"에서의 서양 과학을 보편적으로 적용한 것으로 보였던 반면, 마스크는 리처드 스트롱, 우롄더 같은 영어권 열대의학 의사들이 [묵던이라는] 특정 지역에 기반을 두고 구축한 주장이었다. 어떤 의미에서 이들은 마스크를 중국 인종의 취약점을 드러내고 그것을 해결할 방안으로 삼은 것이었다.

이 장의 주요 목적은 우롄더가 우씨 마스크를 만드는 데 기여한 공로를 깎아내리려는 것이 아니라, 역사적으로 간과해서는 안 될 팡칭과 다른 현지 중국인 의사들의 잃어버린 목소리를 드러내고 중화민국 시기(1912~49)에 우씨 마스크의 성공이 가져온 예상치 못한 결과들을 밝혀내려는 데 있다. 1927년에 국민당이 난징에서 권력을 잡았을 때 거즈 마스크는 부국강병 건설이라는 정권의 정치적 아젠다에 내재화되어 있었다. 1929년에 국민당 정부의 보건 당국은 모든 시민들이 공공장소에서 거즈 마스크를 착용하여 중국에 창궐하는 다양한 전염병으로부터 스스로를 보호할 것을 공식적으로 권고했다. 마스크는 명백하게 위생적 근대hygenic modernity의 상징이 된 것이다.

우씨 마스크의 지배적인 영향력은 그 효과에 대해 제기되는 해외의 부정적인 논평들을 차단하는 장벽과 같아 민국 시대 동안 마스크에 대한 과학적 연구를 저해했다. 만주 페스트 이후 중국에서 전염병 예방에 헌신한 30년 동안 우렌더는 우씨 마스크의 효과를 높이기 위해 마스크 거즈의 꼬리를 세 개에서 두 개로 줄인 것 말고는 한 일이 거의 없다(그림 7-2와 그림 7-3 참조). 그러므로 우씨 마스크의 발명은 중국과 서구 사이의 불균형적이지만 역동적인 지식의 생산과 순환을 구현한 것이었다.

번역: 김소은, 현재환

2부 마스크 정치의 지구사

8장
1918년 인플루엔자 범유행과
반-마스크 시위

브라이언 돌런

들어가며

2020년 3월 16일, 샌프란시스코 대도시권은 미국에서 처음으로 시민들에게 "사회적 거리 두기" 명령을 내린 지역이 되었다. 이 명령은 캘리포니아 주지사 개빈 뉴섬Gavin Newsom이 주 내의 봉쇄 명령을 내린 지 3일이 지난 후에 시행되었다.[1] 이런 조치들은 사회적 거리 두기가 전염병 전파를 늦추는 데 효과가 있는가 하는 질문으로 이어졌고 이는 과거 팬데믹에 대한 역사적 연구들을 이끌어냈다. 오늘날 세계는 코로나19의 확산 속에서 "커브 평탄화flattening the curve" 전략이 가져오는 결과들에 대해 고민하며, 다시금 용이한 질병 통제를 위해 부과했던 제한들을 푸는 것에 관해 역사가 무엇을 말하는지를 궁금해하고 있다.

샌프란시스코 시장 런던 브리드London Breed는 해당 명령을 시행한 것, 그리고 봉쇄 조치 이외에도 공공장소에서의 마스크 착용 의무화를 조기 시행한 것이 명백한 성공이었다고 기념하면서도 너무 일찍 축배를 들어서는 안 된다고 경고했다. MSNBC의 진행자 크리스 헤이스Chris Hayes와의 인터뷰에서 브리드 시장은 다음과 같이 말했다. "사람들에게 역사를 상기시키는 것도 중요하다고 생각해요. 1918년 스페인 인플루엔자 당시에 사람들은 성대한 파티를 열어 마스크를 벗어 던지며 기념했습니다. 그리고 며칠 후에 2천 명이 사망했습니다."[2]

브리드 시장이 사망자 수를 과장하며 말했던 사건은 샌프란시스코 보건 당국이 마스크 덕분에 유행이 "사실상 종결"되었다고 선언하고 시민들이 마스크를 벗는 것을 허용한 1918년 11월의 행사를 언급한 것이다. 당시 해제 조치가 이루어진 지 몇 주도 안 되어 독감 환자가 다시 급증하자 당국은 마스크 착용 의무화 조치를 새도입하기로 결정했다. 자칭 "마스크 반대 연맹Anti-Mask League"이 결성된 것이 바로 이때였다. 1918년 11월에 마스크 착용 의무화 조치가 해제되었을 때 얼굴의 "해방"을 축하했던 바로 그 사람들이 이 공중보건 조치가 재개되자 항의 시위를 조직한 것이다.

이 반대 시위와 관련해 1918~19년에 보도된 여러 기사들은 오늘날의 사회적 거리 두기, 마스크 착용과 시위에 관한 언론 보도에 섬뜩한 역사적 그림자를 드리우고 있다. 언론은 과거 샌프란시스코에서 취해진 예방 조치들에 대한 반대 시위가

　　　　　　　　　2부　마스크 정치의 지구사

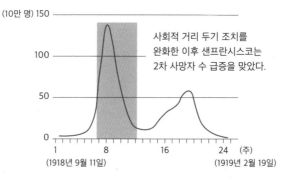

샌프란시스코
10만 명당 673명 사망

(10만 명) 150

사회적 거리 두기 조치를
완화한 이후 샌프란시스코는
2차 사망자 수 급증을 맞았다.

100

50

0

1   8   16   24   (주)
(1918년 9월 11일)   (1919년 2월 19일)

[그림 8-1] 1918~19년 샌프란시스코의 두 번의 독감 사례 급증.
(출처: Nina Strochlic & Riley D. Champine, "How Some Cities 'Flattened
the Curve' during the 1918 Flu Pandemic," *National Geographic*,
2020. 9)

현재의 상황과 평행하는 것처럼 보이는 데 주목했다.

이 글은 마스크 반대 연맹의 역사를 상세히 살펴보고, 그
들의 시위가 의학적 이유보다는 정치적 동기에서 비롯된 것이
었다고 주장한다. 연맹이 마스크의 위생과 유용성에 대해 상충
되는 연구 보고들을 우려했다는 증거가 있기는 하지만, 여기
서는 연맹의 이해관계와 정치적 성향을 주목해본다. 이와 같은
역사 연구는 공중보건과 관련된 의사결정에 대해 잠재적 교훈
을 주며, 정부의 개입 중에 대중의 반응을 불러일으키는 요소
가 무엇인지에 관한 실마리를 제공해준다.

늘어나는 수치

먼저 이 문제를 둘러싼 역사적 배경을 간략히 소개하고자 한다. 1918년 10월 샌프란시스코 보건위원장인 윌리엄 해슬러 William Hassler 박사는 『캘리포니아주 의학 저널California State Journal of Medicine』에 "인플루엔자 현황"에 대한 논고를 실었다. 이는 샌프란시스코의 『시 의사록Municipal Record』에 재출판되었다. 해슬러는 대서양 연안에서 시작된 독감의 확산과 빠른 발병 속도, 사망률과 같은 내용을 언급하며 모든 의사들이 새로운 확진 사례와 환자들의 접촉 상황을 알리는 것이 중요하다고 경고했다. 해슬러는 인플루엔자가 호흡기 질환이라는 점에 주목해 환자와 보호자는 "비말 감염이 전파를 일으키는 직접적인 원인이 되므로 재채기나 기침을 할 때 특히 주의"해야 한다고 적었다.[3]

해슬러의 논문에서 잉크가 마르기도 전에 인플루엔자가 미국 서부 해안으로 들이닥쳤다. 일주일 후 보건위원회Board of Health는 샌프란시스코의 인플루엔자 감염 사례가 1,654건이라고 발표했고 10월 말에는 7천 건 이상으로 급증했다. 주 보건위원회에 따르면 주 전체에서는 이미 6만 명 이상이 감염되었다.[4]

보건위원회는 사회적 거리 두기를 시행하는 동시에 아픈 사람들은 자가 격리를 실시하라는 공적 권고안을 발표했다. 이어서 10월 18일에는 시민들의 모임을 제한하기 위해 시내의 모든 학교, 교회, 술집, 회사의 문을 닫게 했다. 10월 22일에는 한 단계 더 나아가 당시 샌프란시스코 시장이던 제임스 롤프James

Rolph가 "마스크 조례" 법안 5068항에 서명했다. 미국에서 감염 예방을 위해 시민의 책무를 의무화한 것은 이 조례가 처음이었다. 이 조례는 공공장소에서 사람들이 "음식물 섭취를 제외한 모든 상황에서 풀 먹인 천이나 촘촘히 직조된 거즈 같은 재질을 네 겹으로 포개어 만든 마스크 또는 가리개를 착용해 코와 입을 막아야 한다"고 명시했다. 이 조례는 또한 시민이 이에 불응할 시에는 5달러에서 100달러 이내의 벌금이나 10일 이하의 징역에 처할 수 있다고도 명시했다.

오클랜드 보건국 국장 프레드 모스Fred Morse가 "가래침 금지 조례"라고 부른 이 조례를 준수하는 일의 중요성은 적십자사가 조례 제정 직후 지역 신문에 게재한 광고에서 더욱 강조되었다(그림 8-2).[5] 이 광고는 "거즈 마스크가 인플루엔자를 99퍼센트 차단한다"고 선언하면서 마스크를 쓰지 않을 경우 "위험한 게으름뱅이"가 된다고 경고했다. 곧 도시 전체의 약국에서 거즈가 동이 났다. 적십자사는 천 기부를 호소하는 동시에 캘리포니아 대학교(버클리 캠퍼스) 체육관에서 마스크를 재봉할 봉사자를 모집했다. 지역의 청바지 제조업체 리바이 스트라우스는 청바지 주머니로 마스크를 만들기 시작했다.

[그림 8-2] 마스크 사용을 촉구하는 적십자 캠페인 광고. 『샌프란시스코 이그재미너』 (1918. 10. 25)

모두가 마스크 착용 조례를 잘 준수했던 것은 아니다. 지역 신문은 경찰이 처음에는 벌금 5달러를 부과하다가 날이 갈수록 벌금이 높아졌다고 보도했다.[6] 유달리 반발이 많았던 어느 토요일에는 마스크를 착용하지 않았다는 이유로 700명이 체포되었다. 『샌프란시스코 크로니클 San Francisco Chronicle』은 마스크 조례 때문에 "도시의 감옥은 사람들로 혼잡했고 시 법원 치안판사들은 사건들을 처리하기 위해 밤에도 일요일에도 일해야 했다"고 보도했다. 11월 6일에 버클리 시의회는 마스크 착용 조례를 폐지하라는 청원을 접수했다. 짧은 탄원서에는 "우리 서명자들은 비위생적인 마스크 착용에 반대한다"고 적혀 있었다.[7]

(기업들이 휴업하고 마스크 착용이 의무화된 지 갓 3주가 경과한) 11월 13일에 샌프란시스코에서는 새로운 확진자가 여섯 명에 그쳤다고 보고되었다. 시 감독위원회 The Board of Supervisor는 이 수치를 "유행이 사실상 종결된" 신호로 해석했다. 보건위원회는 사회적 모임에 대한 제재를 완화했으며 며칠 후인 토요일부터는 극장과 "기타 유흥시설"의 영업을 허가했다. 일요일에는 교회들이 예배를 드리고 월요일에는 대부분의 학교가 다시 문을 열 예정이었다. 단, 여전히 공공장소에서는 추후 공지가 있을 때까지 반드시 마스크를 착용해야 했다.

일주일 후 추가 공지가 이루어졌다. 4주간의 "숨 막히는 고통"이 이어지던 11월 21일, 『샌프란시스코 크로니클』은 정오에 봉쇄 해제를 알리는 호각 소리가 나자 사람들이 "귀까지 찢어버릴 기세로" 마스크를 잡아당겨 벗고 찢어 바닥에 던지고 두 발로 짓밟았다고 보도했다. 감격에 겨운 시민들 수천 명이 "축하주"를 즐겼다. 『샌프란시스코 크로니클』은 이를 새로 찾은 자유로 빛나는 얼굴들과 숨이 차 헐떡이는 과장된 모습으로 묘사했다. "한 달 동안 거즈로 된 '독감' 마스크 뒤에 숨겨져 있던 행복한 얼굴"을 드러낸 여성들 14명의 사진이 1면에 크게 실렸다.[8] 기사는 전염병이 "사실상 끝난" 것처럼 보여도 "질병의 흔적이 완전히 사라질 때까지는" 조례를 유지하는 것이 "바람직"해 보인다는 언급으로 끝을 맺었다. 이는 이야기가 아직 끝나지 않았음을 시사했다.

휴일의 환호

1918년 11월 23일까지 한 주 동안 샌프란시스코에서는 164명의 새로운 인플루엔자 확진자가 보고되었다. 흥미롭게도, 이 통계는 감독위원회가 전염병이 "완전히 박멸"되었다는 지표로 쓰일 만했다. 그날까지 주 전역에 보고된 전체 인플루엔자 환자 수는 15만 615명이었고 샌프란시스코에서만 2만 3,786명이었기 때문이다.[9] 그 결과 "인플루엔자 유행 통제를 목적으로 공포된 주 위원회의 모든 제재는 지역 보건 당국의 재량에 따라 해제되지만, 환자와 밀접 접촉하는 사람들의 마스크 착용 의무는 유지된다"고 발표되었다.

이는 곧 성급한 결정이었음이 드러났다. 12월 첫 주가 끝나갈 무렵 샌프란시스코에서는 722명이 새로 확진되었고 그다음 주말에는 1,517명이 추가되었다. 인플루엔자로 인한 사망자가 몇 명이었는지는 불확실했지만 해슬러 박사가 제공한 자료에 따르면 전체 사망자 수는 1년 전 같은 달의 사망자 수에 비해 상당히 높았다. 1917년 10월의 사망자 수는 537명, 11월의 사망자 수는 567명이었는데 1918년 10월에는 2,011명, 11월에는 1,346명이었다.

1918년 12월 4일에는 보건위원회의 특별위원들이 시장실에서 긴급회의를 열었다. 여기에는 식당 경영자 존 테이트John Tait와 당시 광고계의 권위자였던 넬슨F. S. Nelson이 이끄는 "도심 지역 사업가 위원회"가 참석했다. 크리스마스를 코앞에 둔 자영업자들은 마스크 의무화 조치가 상업 활동에 끼칠 영향에 대해 우려하고 있었다. 대중들은 외출해서 마스크를 강제로 착용하기보다는 집에 있기를 선호할 것이라는 걱정이었다. 실제로 뉴욕 보건국New York Health Department 예방의학과 부과장이자 마스크 정책에 대한 노골적인 비판자였던 반자프E. J. Banzhaf 박사는 "마스크는 사람들이 밖에서 햇빛을 보아야 할 때 집에 머물도록 만드는 경향이 있다"[10]고 의견을 밝혔다.

긴급회의에서 해슬러는 마스크 착용 의무화 조례를 즉시 재개해야 한다고 강조했다. 하지만 시내 자영업자들의 입장을 대변하는 테이트와 넬슨은 "인플루엔자 확진자 수가 현격하게 증가하지 않았고 다른 지역들에서도 마스크 조례를 거부하고 있기 때문에 샌프란시스코는 상황이 명백히 심각해지지 않은 이상 연휴 기간 동안 마스크 착용을 의무화해서는 안 된다"고 주장했다. 해슬러는 지난 10일 동안 하루 평균 확진자가 155명이었으며 "조례 집행을 연기하는 책임을 떠맡는 것이 내키지 않는다"고 답변했다. 그리고 이후 일주일 동안 1,828명의 확진자가 추가되었다.

12월 16일 감독위원회 회의의 주요 안건은 마스크 착용 의무화 조례를 재개할지 여부였으며, 시민들 또한 적극적으로 참여했다. 해슬러 박사는 위원들이 재시행 반대에 투표하면 공중보건을 위해 "과감한 조치"가 있을 것이라고 발언했다. 슈미츠 E. E. Schmitz 위원과 그로스진 C. E. Grosjean 위원의 반대가 이어졌고, 그로스진 위원은 자신이 마스크 조례 재개와 해슬러 박사의 "지배"에 반대하는 "성난 시민"을 대표한다고 목소리를 높였다.[11] 시 위원들은 이 안건을 다시 보건위원회에 넘기기로 결정했고 결국 그해 말까지 어떠한 추가 조치도 이루어지지 않았다. 연휴 기간 동안 도시의 상업적인 이익이 보호되었다. 하지만 이듬해 초인 1919년 1월, 그로스진과 다른 성난 시민들은 "마스크 반대 연맹"[12]을 결성하여 행동하기 시작했다.

마스크 반대 연맹

샌프란시스코 보건위원회는 타인과 근접해 있을 때 기침 또는 재채기를 하는 것이 세균을 퍼뜨리기 때문에 위험하다고 회의와 언론을 통해 수없이 강조했다. 이들은 마스크가 전염체의 대중적 확산을 경감시켜준다고 주장했다. 이 내용은 1918년 12월 9일부터 12일까지 시카고에서 개최된 미국 공중보건협회The American Public Health Association의 연례 회의에서 승인된 견해였다. 회의의 요약본은 1918년 12월 21일『미국 의사협회 저널*The Journal of the American Medical Association*』에 실렸다. 이 회의에서는 실험실의 검사를 통해 유행성 전염병을 유발한 정확한 병원균이 무엇인지 (바이러스인지 또 다른 미생물인지) 확실히 밝혀지지는 않았지만, 개인 간 전파의 유일한 경로가 감염자의 코나 목구멍에서 나온 분비물이라는 기본 전제를 수용했다.

협회는 의사, 치과의사, 미용사 등 타인과 밀접 접촉하는 사람들은 누구나 마스크를 착용해야 한다고 권고했다. 다만 흥미롭게도 "전 인구에게 항시 마스크 착용을 강제하는 것의 이득과 관련한 증거는 모순적"이라고도 말했다. 결론적으로 협회는 전면적인 마스크 착용 정책을 권장하지 않았다. 단지 개인들이 자신들의 이익을 위해서 마스크를 쓰고 싶은 경우에는 제대로 착용하는 법을 교육받아야 한다고만 말했다.

『미국 의사협회 저널』에 수록된 후속 논평에서 마스크 착용 문제는 "사실"과 "의견"을 혼동시키는 논쟁거리로 언급되었다. 협회는 마스크가 병원 등의 기관에서 전염병의 확산을 막았을 뿐만 아니라 "인플루엔자 예방 효과가 있다"는 증거를 인정했다. 그러면서도 이들은 지역사회의 대중 모두에게 마스크를 씌우는 것이 가능한지에 대해서는 의구심을 표했다. 협회는 특히 일반 대중들에게 마스크 착용을 의무화한 대도시 가운데 하나로 샌프란시스코를 언급했다. 여기서 관찰된 문제는 마스크가 그 자체로 보호 기능을 갖는지 여부가 아니라, 마스크가 효과를 발휘할 수 있도록 올바르게 착용하는 방법을 대중들이 충분히 이해하고 준수할 수 있을지의 여부였다. 마스크 반대 연맹은 성공적인 공중보건 조치에 필요한 권위주의적인 명령이 어떻게 가로막히는지 잘 보여주는 사례였다.

샌프란시스코의 롤프 시장은 마스크 조례를 재개하는 일에 미온적이었다. 일부 대중들이 마스크가 끼칠 경제적 손해를 우려하며 매우 격정적으로 반응하고 있다는 점은 분명했다. 마스크 착용을 의무화하라는 보건위원들의 권고를 시장이 공식적으로 실행하지 않는 사이, 1919년 1월 초에 발표된 신규 확진자 수는 처참했다. 1월 12일에 롤프 시장은 마스크 착용에 관한 시민들의 자발적인 협조를 공개적으로 호소했다.

시장의 호소 이후 이 사안에 대해 상반된 의견이 담긴 수많은 편지가 『샌프란시스코 크로니클』에 도착했다. 몇몇 사람들은 마스크의 효용성이 입증된 것도 아닌데 왜 마스크 법안이 필요하냐고 질의했다. "의사들이 이 독감 유행에 대해 모르는 정보가 웬만한 도서관 하나를 꽉 채울 정도일 것이다. 미국의 두 당국이 이 전염병에 대한 예방법과 치료제는 고사하고 원인마저 합치하지 못하고 있는 와중에 예방책이라며 우리에게 마스크를 강제로 씌우는 것은 '뻔뻔한' 처사다."[13] 1월 13일에는 "상쾌한 공기 애호가"라는 이름으로, 다음과 같은 편지가 왔다. "의사협회는 지난 20년 동안 나쁜 공기는 폐결핵 환자에게 해로우며 상쾌한 공기가 최고의 예방법이자 치료제라고 강조해 왔다. 그런데 이제는 우리보고 마스크를 쓰고 탁한 공기를 마시라고 한다." "A. E. T. 부인"에 따르면 세균이 번식하는 진짜 장소는 바람이 아니라 길거리이므로 "사람들에게 마스크를 쓰라고 강요하는 대신에 보건위원회 위원들은 돌아다니면서 포크가의 더러운 골목들을 주목해야 한다."[14]

하지만 보건위원회의 발표에 따르면, 1월 10일에서 17일 사이의 새로운 확진자 수는 4천 명이었으며 그로 인한 사망자 수는 327명이었다.[15] 더 이상 이대로는 안 되었다.

1월 17일에 롤프 시장이 마스크 착용을 강제하는 조례에 다시 한번 서명했다. 『모데스토 헤럴드Modesto Herald』의 보도에 따르면, 바로 다음 날 마스크 착용 조례에 반대하는 "시민들의 대표" 집단들이 마스크 반대 연맹을 결성했다. 이 연맹이 가장 먼저 추진한 일은 1월 25일 토요일 드림랜드 링크Dreamland Rink에서 개최될 공청회를 알리는 것이었다(그림 8-3). 회합의 목적은 시 보건 담당관 윌리엄 해슬러 박사의 해임을 요구하고, 롤

프 시장이 시민의 요구에 따
르지 않을 경우 해임을 목적
으로 주민 소환을 하겠다는
위협을 담은 청원서를 배부
하는 것이었다.

연맹은 진지하게 받아들
여지기 위해 1월 20일 개최

ANTI-MASK MEETING

TONIGHT (Saturday) JAN. 25

DREAMLAND RINK

To Protest Against the Unhealthy Mask Ordinance
Extracts will be read from State Board of Health
Bulletin showing compulsory mask wearing to be a failure.
Eugene E. Schmitz and other interesting speakers.
Admission Free.

[그림 8-3] 마스크 반대 연맹의 시위 요구.
『샌프란시스코 크로니클』(1919. 1. 25), p. 4.

한 기획 회의에서 다음의 회장단을 선출했다.

회장   해링턴 부인
서기   윌리엄 니론 부인
회계   엘리자베스 쿡
부회장 존스 여사, 그로스진 부인, 메리 부시 부인, 스콧
        여사, 블란체 번하트 부인, 메이슨 부인

여성 중심의 간부 조직과 더불어 여덟 명의 남성이 기명
회원으로 선출되었다. 여기에는 요리사 및 종업원 조합Cook's
and Waiter's Union 회장직을 맡고 있는 웰시C. F. Welsh가 포함되었
다. 웰시는 시장과 협의하던 식당 경영자 대표 존 테이트와는 대
조되는 입장을 취하던 인물이었다.[16] 그렇다면 "비위생적이고
쓸모없는 마스크"에 반대하기 위해 조직된 집단의 지도층을 맡
은 이 여성들은 누구였을까?[17]

마스크의 정치

마스크 반대 연맹의 회장으로 선출된 E. C. 해링턴 부인은 캘리포니아의 역사에서 주목할 만한 매력적인 인물이다(그림 8-4). 유타 출신인 해링턴 부인은 1890년대에 심리학을 전공했고, 1900년 무렵 캘리포니아로 이주했다. 1894년 캘리포니아 공화당이 여성 참정권을 승인한 이래로 해링턴 부인은 단호한 여성 참정권 운동가가 되었다. 1911년 여성의 투표권 확대를 위해 주 헌법을 개정하자는 성명을 지지하면서 『샌프란시스코 콜 *San Francisco Call*』은 "수차례 연단에 섰던 해링턴 부인은 샌프란시스코에서 가장 뛰어난 연설가 중 한 명"[18]이라고 보도했다. 관련 법안이 통과되면서 샌프란시스코는 여성이 투표할 수 있는 세계에서 가장 큰 도시가 되었다. 이는 미국 정치 선거에서 투표할 권리를 가진 여성의 숫자를 두 배로 늘린 시민권의 승리였다.[19]

1911년 당시 해링턴 부인의 남편은 샌프란시스코의 선거관리국 유권자 등록 담당관이었다. 그 덕분에 해링턴 부인은 샌프란시스코 대도시권에서 최초로 등록된 여성 투표권자가 될 수 있었다. 이런 경험이 정치에 대한 그녀의 열정에 불을 지폈다. 이때 해링턴 부인은 노동조합의 권리와 시민 개혁을 위해 싸웠다. 그녀는 당시 샌프란시스코 시장이었던 패트릭 헨리 매카시Patrick Henry McCarthy의 활동을 지지하고 홍보하기 위한 "매카시 여성 클럽P. H. McCarthy Women's Clubs"을 조직하고 이끌었다.[20]

공화당 소속이자 여성 참정권 지지자이던 매카시는 미국 노동연맹American Federation of Labor의 대표이자 건설 사업의 지배적 세력인 샌프란시스코 건축업 협의회San Francisco Building Trades Council(BTC)의 지역 노동조합의 권력 있는 회장이었다. 노동조합주의 옹호자인 그는 노동조합 간의 이해관계를 통합해 1909년에 시장으로 당선되었으며, 부임 즉시 건축업 협의회 회원들을 중심으로 시 행정부를 꾸렸다.[21]

매카시는 회계사였던 해링턴 부인의 남편 E. C. 해링턴을 선거관리국 유권자 등록 담당관으로 선임했다. 이즈음 해링턴 부인은 법학을 공부하던 1910년부터 관심을 두었던 치안재판소의 출납원으로 취직했다. 시민권, 법, 그리고 정치라는 세 분야에 걸친 활동으로 그녀는 눈코 뜰 새가 없었다. 1912년에 해링턴 부인은 21번가 개선 클럽The Twenty First Street Improvement Club과 샌프란시스코 여성 노동자 클럽San Francisco Working Women's Club의 회장직을 맡았을 뿐만 아니라, 매카시의 재선 캠페인을 조직하고 태프트William Howard Taft를 위한 여성 캠페인Women Keep Up Campaign을 진두지휘하기도 했다. 그녀는 태프트를 미국 대통령으로 선출하자고 여성들을 독려하는 선전물을 백화점 탈의실 등에 게시했다.[22]

1911년 말 선거에서 제임스 롤프에게 패배한 매카시는 샌프란시스코 시장직을 상실했다. 롤프는 개혁주의 성향을 지닌 기업인들로부터 전폭적인 지지를 받았으며, 샌프란시스코 세계

박람회를 개최하겠다는 비전을 가지고 있었다. "유쾌한 짐Sunny Jim"[23]이라 불린 롤프는 캘리포니아 주지사가 되기 위해 시장직을 사임한 1931년까지 시장으로 활동했다. 한편, 1912년 1월에 롤프가 시장으로 취임하면서 해링턴 부인의 남편은 유권자 등록 담당관 자리에서 해임되었다.[24] 그 이후 몇 년간 롤프의 노골적인 비판자가 된 해링턴 부인은 자신이 "정당정치 조직들과 권력자의 통제 바깥에 있다"며 계속해서 감독위원회 자리에 출마했지만[25] 끝내 선출되지 못했다.

[그림 8-4] 치안판사직에 출마한 마스크 반대 연맹 회장 해링턴 부인.

1914년에 해링턴 부인이 "변호사 지망생들이 거의 겪은 적 없는" 이틀에 걸쳐 진행된 필기시험과 구두시험을 성공적으로 마치고 변호사 시험을 통과했다는 소식이 『샌프란시스코 이그재미너San Francisco Examiner』에 대서특필되었다. 그녀는 캘리포니아주 법원으로부터 공인 변호사 자격증을 취득하여 시내에 사무실을 개업했다.

1918년 인플루엔자 팬데믹이 한창이던 때 해링턴 부인은 치안판사직에 출마했다. 그녀는 가족관계를 다루는 법정을 관장하고자 하는 의

지를 보였고, 야간에도 법원을 개장하여 "남성 및 여성 근로자"도 서비스를 받을 수 있게 하자고 제안했다. "가난한 이들을 위한 민사소송 무료 법률 서비스"를 주장하기도 했다.[26] 그녀는 그해 10명의 후보자 중 한 명이었으며 2만 1천 표를 받았지만, 감독위원회 위원이자 장기 재임 중이던 판사 프랭크 디어시Frank Deasy에게 패배했다.[27]

마스크 반대 연맹을 동요하게 했던 한 가지는 보건 담당관 해슬러의 권고에 따라 화이트D. A. White 경찰서장이 마스크 착용 반대자들을 향해 단호한 조치를 결행했다는 점이다. 1919년 1월 19일에 『샌프란시스코 크로니클』은 "경찰이 마스크 의무화 법안 첫날 186명을 체포"했다고 보도했다. 대부분의 수감자는 5달러의 벌금을 내고 풀려났다. 두 명의 "잘 차려입은" 여성이 하이트가Haight Street에서 마스크를 쓰지 않고 돌아다니다 잠시 구금되었고, 경찰은 두 여성을 동네 약국으로 데려가 마스크를 구입하게 한 후 풀어주었다. 마스크 정책에 대한 반대 투쟁은 마스크의 효과를 입증할 과학적 증거가 부족하다는 주장에서 시작해 착용이 오히려 비위생적이라는 것, 그리고 시민의 얼굴에 특정한 물건을 착용하도록 강제하는 발상 자체가 헌법상 자유에 위배된다는 것에 이르기까지 모든 측면에서 이루어졌다(그림 8-5).

주 보건위원회 최고 행정 책임자였던 윌프레드 켈로그Wilfred H. Kellogg 박사가 1919년 1월에 인플루엔자 예방책으로서 마

[그림 8-5] 경찰이 순응하지 않는 샌프란시스코 여성들에게
"인플루엔자 마스크 법" 준수를 요구하고 있다.
(출처: San Francisco Library Historical Collection)

스크의 효과를 공격하는 글을 발간하자 혼란이 더 가중되었
다.[28] 켈로그 박사는 미국에서 마스크 착용 의무화 조치와 사
회적 집합 금지 명령을 내리지 않은 도시와, 샌프란시스코처럼
엄격하게 사회적 거리 두기를 실시하고 마스크 법을 도입한 도
시 사이의 감염률과 사망률을 비교했다. 그는 별다른 예방 조
치가 없었음에도 엄격한 예방 조치를 취한 도시들보다 감염률
과 사망률이 더 낮은 도시들도 존재한다는 점을 발견했다. 이
를 토대로 켈로그는 마스크가 "효과 없다"고 결론 내리며 해슬
러 박사의 입장에 명확하게 반대했고, 해슬러 역시 켈로그의
발언이 "터무니없다"며 공개적으로 반박했다.[29]

정치적 격론을 낳은 공중보건 조치에 대해 주 보건위원회

책임자와 갑론을박하는 일은 시 보건위원회의 공식 입장에도 큰 부담을 주었다. 1월 27일에 마스크 반대 연맹은 감독위원회 사무실 앞에서 시위를 벌였다. 그날 위원회의 공청회에는 "수백 명의 마스크 착용 의무화 반대자들"이 참석했다. 마스크 의무화 조례를 발의한 앤드루 갤러거Andrew J. Gallagher 위원은 회의실에 입장하면서 큰 야유를 들어야만 했다. 이 자리에서 롤프 시장은 시 보건국의 권고가 있어야만 마스크 조례를 철회할 것이라고 발표했다. 시장은 "마스크의 효능은 입증되었으며 마스크 반대 연맹을 제외하고는 육군이나 해군, 일반 시민으로부터 어떠한 정책 철회 요구도 받은 바가 없다"고 말했다. 회의를 마치고 위원들 및 대표들이 자리를 뜰 때 여성 시위자들은 "자유와 해방"을 외쳤다.[30]

마스크 착용 의무화 조치를 유지하려는 노력이 압박을 받았을 때 해슬러 박사는 마스크 법뿐 아니라 휴교령도 유지하고자 했다. "실외가 아닌" 학교의 문제점은 아픈 아이들이 등교하여 병균을 퍼뜨린다는 데 있었다. 해슬러는 이것이 아이들의 잘못은 아니지만, "그 부모들은 매우 비난받을 만하다"는 견해를 피력했다. "부모들은 십중팔구 학교를 보육시설로 여기는 경향이 있다. 이들은 자신들이 일하거나 여가를 보낼 때 학교를 정신없이 뛰어다니는 자식들을 맡길 수 있는 편리한 장소로 여긴다."[31]

마스크 반대 연맹의 부회장 에일리 그로스진 부인의 분노를 산 것도 아마 이런 논평이었을 것이다. 미분米粉 판매업자의 아내인 그로스진 부인은 해링턴 부인처럼 사회운동가였으며 교사였다.[32] 그녀는 미국 학부모 권리 연맹The Parents' Rights League of America의 회장이었다. 역시 마스크 반대 연맹의 부회장이었던 메리 E. 부시 부인도 학부모 권리 연맹의 서기였다.[33] 두 사람은 학교에서 아이들에 대한 의료 검진을 실시하려는 조치에 반대하는 캠페인을 벌이며, 이는 "부모의 권리에 대한 간섭이며 가정의 문제에 대한 월권 행위"라고 주장했다.[34]

감독위원회 공개회의가 열리고 하루 뒤인 1월 28일에는 시장이 해슬러 박사와 상의해 질병이 통제하에 있음을 확신하고 있으며, 1월 31일 금요일부터는 마스크를 벗도록 권고할 가능성이 높다는 보도가 나왔다. 그 전날 54명의 확진자와 13명의 사망자가 보고되었지만, 해슬러는 "우리는 전염병 2차 유행의 마무리 단계에 와 있다. 하지만 수천 명의 요양 중인 사람들이 곧 직장으로 복귀하고 아직 질병이 만연한 다른 도시 주민들이 시내를 오가기 때문에 여전히 위험이 도사리고 있다"고 말했다. 해슬러는 전날 확진자 수 급증에 관한 질문에 "보고되지 않고 밀려 있던 확진자 수를 보고하고자 하는 이 도시 의사들의 열성" 때문이라고 답했다.[35]

시장은 이런 분위기 전환에 호응했다. 『오클랜드 트리뷴 Oakland Tribune』은 "인플루엔자 유행이 갑작스럽게 일어나지 않는 한, 샌프란시스코 거주자들은 금요일에 거즈 마스크를 벗게

될 것"이라고 보도했다.[36] 시장은 그날 31명이 확진되고 여섯 명이 사망했지만 전일에는 네 명의 확진자와 두 명의 사망자밖에 없었다며, 마스크 착용의 효용성이 입증되었다고 말했다. 이 수치는 마스크 법이 시행되기 전이었던 1주 전 확진자 수가 평균적으로 거의 500명에 육박하던 것과 비교되었다. 하지만 이런 수치와 관계없이, 시장은 고위 보건 담당 관료에서부터 그의 핵심 지지층(호텔 경영인들, 상공회의소, 상인협회)까지 모두가 법안 해제를 요구하면서 곳곳에서 지지를 잃어가고 있었다.[37]

1월 29일 『로스앤젤레스 타임스*Los Angeles Times*』는 패서디나 지역의 경우 "독감 마스크 조치"를 철회할 계획이라고 보도했다. 마스크는 "실험적 조치였고, 사람들의 사기를 저해하며, 착용자에게 해로울 뿐만 아니라, 인플루엔자 상황을 해결하는 데 전혀 유익한 효과가 없다"[38]는 이유였다. 1919년 2월 1일에 해슬러 박사는 마스크 조치의 해제를 권고했다. 하지만 시위에 굴복했다거나 마스크의 효능을 의심하는 것처럼 보이기보다는 "인플루엔자 유행 상황이 그만큼 개선되었기" 때문이라고 강조했다. 그리고 그날 롤프 시장은 슈미츠 위원이 작성한 조례 4758항을 무효화하는 성명서에 서명했다.[39]

나가며

마스크 사태의 종결은 마스크 반대 연맹의 종말을 뜻했다. 이는 가을에 올 세번째 (이전보다는 작은 규모의) 유행 전까지는 신규 확진자와 사망자 수가 점차 감소하는 시기와도 겹쳤다. 최근에 실시된 몇몇 인플루엔자 유행에 관한 연구들은 (1918년 초반에 인구의 상당수에 영향을 끼쳤던 인플루엔자 발생 가능성을 고려할 때) 바이러스가 유행의 파고를 맞이할 때마다 독성을 잃어갔고 유행 과정에서 집단 면역이 일어났을 수 있음을 시사한다.[40] 인플루엔자의 영향을 통제하려는 사회적 노력에도 불구하고 샌프란시스코의 최종 집계된 사망자 수는 1천 명당 30명이었고 샌프란시스코는 미국 내 최악의 타격을 입은 도시들 가운데 하나가 되었다.

샌프란시스코 시장이 호흡기 질환으로부터 시민들을 보호하기 위해 마스크 착용을 다시금 명령하는 데까지는 101년이 걸렸다. 2020년 4월 17일에 브리드 시장은 트위터에 마스크 착용을 촉구하는 글을 올렸다. 곧 도시의 코로나19 정보를 알려주는 웹페이지가 등장해 언제 어디서 마스크를 착용해야 하고 마스크는 어떻게 제작하며 올바른 착용법이 무엇인지에 관한 정보를 제공했다.

곧이어 이 같은 공중보건 조치에 대해 역사로부터 무엇을 배울 수 있는지를 묻는 질문들이 이어졌다. 마스크 반대 연맹에 대한 이야기가 시사하는 바는 이런 공중보건 조치에 대한 공통의 합의나 순응은 불가능하다는 것이다. 그리고 오늘날에도 우리는 감염을 막기 위한 마스크 착용의 효용성과 타당성을 두고 보건의료 종사자, 정치인, 기업인, 시민권 옹호자 등 다양한 집단들로부터 상충되는 정보들을 접하고 있다. 1919년에 켈로그 박사가 여러 도시들의 마스크 착용 조치의 효과를 평가한 후 취한 입장은 이후 아래와 같이 보고한 미국 해군의 지지를 받았다.

> 팬데믹 동안 전방위적으로 마스크를 착용하라고 강요하는 일을 정당화할 어떠한 증거도 발견되지 않았다. 마스크는 입속의 병원성 미생물이 직접 분사되는 일을 막아주는 정도의 역할을 위해 고안된 것이다. 그리고 이러한 보호장비 역할을 해준다고 가정했을 때, 만약 마스크를 일정 시간 이상 착용한다면 미생물이 손가락에 의해서 결국 입이나 코로 옮겨질 가능성이 매우 크다. 성기게 짜인 거즈로 만들어진 부적합한 마스크를 코와 입에 대충 걸쳐서 침에 젖고 손가락에 의해 더러워졌는데도 자주 교체하지 않는다면 전염병을 예방하기보다는 오히려 감염을 유발할 것이다. 특히 전염성 질환의 원인 물질이 어떻게 전파되는지 기초적인 지식을 가지지 않은 사람들이 착용했을 때는 감염으로 이어질 가능성이 더 크다.[41]

오늘날 공중보건상의 합의는 (면직물이 우리가 들이마시는 공기를 여과해주지 않는다는 점을 유념하되) 마스크가 세균을 함유하고 있는 입에서 분사되는 비말의 양을 줄이는 데 도움을 준다는 점을 강조한다. 다만 오늘날에도 여전히 마스크를 올바로 쓰지 않거나, 더럽게 쓰거나, 표면을 손으로 만질 가능성에 대한 걱정들이 존재한다.[42] 마스크를 둘러싼 논쟁은 예나 지금이나 사회적 갈등을 일으킬 수 있다. 마스크 반대 연맹의 시위는 이러한 갈등이 더 깊은 이데올로기적, 정치적 분열을 은폐할 수 있다는 점 또한 시사한다.

오늘날이나 한 세기 전이나 "마스크 반대" 시위자들이 언론으로부터 얼마나 뜨거운 관심을 받든지 간에 대다수 시민들은 동요하지 않고 공중보건 조례를 따르며 살아왔다는 점을 주목할 필요가 있다. 이 역사적 사례를 통해 우리는 사회적 행동을 하루아침에 전면적으로 바꾸는 조치가 완벽하게 준수되기란 불가능에 가깝다는 점을 알게 된다. 그러나 오늘날 전염병 확산을 막기 위해 사회적 지침을 준수하도록 대중을 설득하려는 시도가 확실히 과거보다 더 나은 결과를 초래하고 있는 듯하다. 과거와는 다르다는 점에서 우리는 조금이나마 위안을 얻을 수 있을 것이다.

번역: 김소은, 현재환

3부
한국 사회에서의 마스크의 정치:
스페인 인플루엔자에서 코로나19까지

9장
식민지 조선에서의 마스크:
방역용 마스크에서 가정 위생의 도구로*

현재환

> 초겨울이 되어 부엌에서 김장 준비에 착수하는 눈치가 보
> 이면 벗은 벌써 약국에 가서 "마스크"를 사온다. […] 겨울
> 동안에 내가 조금이라도 감기나 걸려 드러누우면 그는 바
> 로 나를 찾아온다. 방 안에 들어와서야 비로소 그는 '마스
> 크'를 벗는다. 그러고는 그는 감기에 걸리지 않고 겨울을
> 지낼 수 있는 자신의 행운을 가장 자랑스럽게 선전한다.
> 딴은 '마스크'나 써보았을 걸-하고 나는 잠깐 후회한다.
>
> ─김기림, "스케-트 철학"[1]

들어가며

1930년대 경성의 거리에서는 겨울철만 되면 남녀노소를 가릴
것 없이 모두가 코와 입을 마스크로 틀어막고 돌아다니는 모
습을 쉽게 볼 수 있었다. 조선인 지식인들은 이들을 "마스크당

* 이 글은 현재환, 「일제강점기 위생 마스크의 등장과 정착」, 『의사학』
  31(2022), pp. 181~220의 일부를 발췌 및 수정한 것이다. 인용된
  자료의 상세한 출처 및 구체적인 내용은 원 논문을 참고하길 바란다.

黨"이라고 부르며 비아냥거렸다.[2] 『조선일보』의 학예부 기자이 자 시단에서 왕성히 활동하던 김기림이 그의 스케이트 취미에 관한 수필에서 언급한 친우는 전형적인 "마스크당"이었다. 언제부터 왜, 어떠한 이유로 마스크당이 식민지 도시에 출몰하게 되었을까? 이들은 어떤 마스크를 착용했을까? 그리고 오늘날과 같이 마스크 착용을 둘러싸고 그 효용에 대한 의학적 논쟁과 사회적 논란은 없었을까?

위의 질문들에 답하기 위해 이 글은 구한말부터 일제강점기에 이르는 시기 동안 한국에서 개인 위생의 용도로 마스크가 도입 및 사용되는 과정, 그리고 이 가운데 올바른 마스크와 착용자가 누구인지를 둘러싸고 일어난 논쟁을 살핀다. 이를 통해 한국에는 동아시아의 다른 지역들보다 비교적 늦은 1920년경에 이르러서야 전염병 방역의 도구로 마스크가 등장했으며, 1930년대 들어 마스크 착용에 관한 지식이 생겨나면서 가정 위생의 측면에서 조선인 부인들이 마스크를 가족의 건강을 돌보는 데 필수적인 물품으로 여기게 되었음을 알 수 있다. 특히 마스크 사용이 일반화되는 1930년대에 마스크의 (부분적인) 제작, 사용, 관리의 주체로 부인이 호명되고, 마스크 착용이 남성성에 반하는 것으로 이해되는 마스크의 젠더화가 일어났다는 점에 주목해본다. 일제강점기에 마스크 착용의 대중화가 처음으로 일어난 것은 1918~19년 스페인 인플루엔자라는 미증유의 팬데 믹 직후였다. 이렇게 팬데믹 이후 식민지 조선인들이 마스크와 함께 살아가면서 어떠한 논의들이 있었는지 반추해보는 일은 코로나19 팬데믹으로 마스크가 일상이 되어버린 오늘날과 그 이후에 일어날 수 있는 사회적 문제들과 쟁점들을 전망하는 데 일말의 도움을 줄지도 모른다.

마스크 없이 입 가리기

이웃한 지역들과 비교해 볼 때, 마스크는 상당히 늦게까지 조선의 개인 위생 담론과 실천에서 등장하지 않았다. 메이지 일본과 청나라에서는 1870년대부터 마스크가 지식인들 사이에서 언급되었고, 실제로 사용되기도 했다. 이 과정에서 마스크는 각국의 위생 운동 및 전염병 방역 활동 등 다양한 위생 실천과 관련을 맺으며 그 나름의 사회적 삶을 영위해왔다. 반면 조선에서는 1910년 일본 제국의 강제 점령 이후로도 한참이 지난 1920년에 이르러서야 개인 위생의 도구로 급작스럽게 출현했다.

세균설보다 미아스마설miasma theory이 일반적이던 1830년대에 영국의 외과의 줄리우스 제프리스Julius Jeffreys는 입만 가리거나, 혹은 코와 입 모두를 가리는 형태의 "레스퍼레이터 respirator"를 개발했다. 온기와 습기를 담은 날숨이 나가는 것을 막아 호흡기 질환 환자들이 추운 환경에서 겪는 호흡의 어려움을 완화해주는 도구였다. 이후 제프리스의 레스퍼레이터는 영국의 약종상들 사이에서 외부의 차가운 공기를 차단해 호흡기 질환을 예방하는 도구로 홍보되며 널리 판매되었다. 일본에서는 곧 1879년부터 "차가운 공기寒冒"로 인해 발생하는 호흡기 질환 예방 도구로 광고되며 이 호흡기(레스퍼레이터)가 위생적 근대의 상징으로 소비되기 시작했다.

이외에도 다른 종류의 마스크들이 청나라와 메이지 일본의 지식인 계층에게 알려지고 사용되었다. 그중 하나가 스코틀랜드의 화학자 스텐하우스John Stenhouse가 1854년에 고안하고 1860년에 특허를 받은, 숯을 필터로 사용한 스텐하우스 호흡기Stenhouse respirator였다. 영국에서 가장 오래된 성바르톨로뮤 병원의 간호사들과 환부 치료사들이 악성 공기를 막는 용도로 이 스텐하우스 호흡기를 착용했다. 1881년 청나라에 고용된 영국인 선교사 존 프라이어John Fryer는 교과서로 사용할 목적으로 공기의 위생에 관한 존스턴F. W. Johnston의 책 『화학위생론 The Chemistry of Common Life』(1855)을 한역漢譯해 소개했는데, 여기서 스텐하우스 호흡기는 서구 과학의 성취를 보여주는 한 가지 사례로 소개되었다.[3]

구한말 조선의 지식인들은 바로 이 『화학위생론』을 통해 호흡기의 존재를 알게 되었을 것으로 추정된다. 1882년에 조선 정부가 이 서적을 수입했다는 기록이 있기 때문이다. 실제로 과학사학자 김연희에 따르면, 지석영이 처음으로 위생에 관해 저술한 『신학신설』(1891)은 책의 구조나 내용 면에서 상당 부분 프라이어의 『화학위생론』에 영향을 받았다. 이와 함께 "깨끗한 공기"와 "호흡의 위생"은 구한말 위생 담론에서 중요한 위치를 차지했다. 일례로 1900년 10월 하층민과 부녀자를 대상으로 한 순한글『제국신문』에 두 차례에 걸쳐서 1면 1단에 게재된 "호흡론"이라는 논설은 "졍결"하고 "됴흔 공긔"와 "혼탁한" "악긔"를 나누었다. 그리고 후자에 해당하는 공기로 날숨, "방문을 닫고" "난로"를 피워 만들어진 공기, "상한 대서" 나오는 "고약한 긔운," 그리고 방을 쓸 때 나오는 "먼지" 등을 지적했다.• 이와 함께 이런 혼탁한 공기를 피하는 것이 몸에서 가장 중요한 호흡기관(폐경)을 잘 보호하는 것이고, 그리해야만 바로 "위생이 잘되여" 장수할 수 있다는 위생론을 펼쳤다.[4] 이후『대한매일신보』『황성신문』『만세보』등 다른 구한말 신문들과『태극학보』와『소년만세보』와 같은 잡지들에서도 위생론의 핵심으로 혼탁한 공기를 호흡하지 않기를 권했다. 불결한 공기에 들어 있는 먼지塵埃나 작은 곤충小蟲들을 흡입하면 인후 및 폐장에 병이 생길 수 있다는 것이었다. 하지만 이런 호흡기 위생론에서 마스크는 등장하지 않았다. 공중위생의 차원에서는 여전히 오물들과 주거 공간을 분리시키는 도시 개편, 즉 치도론이 중심에 놓였다. 청결 개념의 등장과 함께 개인 위생 역시 강조되기 시작했지만 실내 환기를 해야 하며 구강 호흡 대신에

• 본문 중에 인용한 옛 문헌 속 우리말은 가급적 현대식으로 고치지 않고 원문 그대로 두었다.

먼지 등을 막는 "천연의 호흡 구멍天然之呼吸空"인 코로 호흡하는 습관을 들이라는 권고로 한정되었다.[5]

　구한말 학술장 바깥의 전염병 방역 활동에서도 마스크를 사용한 흔적은 발견하기 어렵다. 이 책의 6장에서 스미다 도모히사가 보여주었듯이, 일본의 경우 1899~1900년에 오사카 및 고베 지역에서 흑사병이 발생하자 이것이 폐페스트일 가능성을 의심하면서 전통적인 방역 대책인 쥐잡기 및 환자 격리와 함께 감염자 및 사망자를 접촉하는 의료진은 모두 소독 처리한 호흡기를 포함해 온몸을 가리는 장비를 착용하도록 지시했다. 당시 기사들을 보면 대한제국 위생 당국이 오사카 및 고베에서 이루어진 방역 활동의 전모를 파악하지는 못했음에도 그 일반론은 비교적 상세히 알고 있었던 것으로 보인다. 예를 들어 1900년 3월 28일『제국신문』에 실린 "흑사병 예방법"은 선페스트의 주요 감염 경로인 쥐 구제책과 더불어 감염자 관리와 관련된 물건 소독 방법 등을 자세히 소개했다. 특히 흑사병 환자가 있는 가정에서 간병인의 전염 여부를 확인하기 위해 피부 상태를 늘 확인하고 장갑과 버선 등을 착용하기를 권했다.[6] 다만 이때에도 호흡기는 방호구의 목록에 포함되지 않았다. 혹시 일본의 경우와 달리 흑사병의 종류로 선페스트만 알려져 있어서 그랬던 것일까? 그렇지는 않은 것 같다. 흑사병의 비말 감염 가능성이나 우롄더의 마스크 방역 활동이 분명하게 알려진 1912년에도 중앙위생협회 조선지부가 출간한『최신통속위생

대감最新通俗衛生大鑑』을 보면 폐페스트를 흑사병의 주요한 한 종류로 언급하지만 이에 대한 예방법은 마땅치 않다고 소개할 뿐, 거즈 마스크 착용 등을 예방법으로 제시하지 않았다.[7]

마스크를 대신해 호흡기 전염병 방역에 나타난 인공물은 손수건이었다. 1917년 총독부 경무총감부 위생과에서 의생醫生 시험 용도로 편찬한『의방강요醫方綱要』에는 법정 전염병 및 기타 조선에서 유행하는 전염성 질환들의 발병 원인, 예후, 요법, 예방 등의 내용이 담겨 있었는데, 여기서 폐결핵의 예방책으로 폐결핵 환자의 비말을 통한 감염 확산을 막기 위해 "천조각布片," 즉 손수건 등으로 입을 가리라는 권고가 포함되어 있었다. 마찬가지로 비말 감염이 일어난다고 여겨지는 후두형 디프테리아, 두창, 성홍열에 대해서도 예방법으로 환자가 기침할 때마다 천조각으로 입을 막아 타액의 비산을 막고 사용한 천조각은 소독하여 재사용하라는 권고가 이루어졌다. 1910년대 식민지 조선의 위생 당국자들에게 비말 감염은 손수건이나 천조각으로 입을 가려 타액이 비산하는 일을 막아 해결될 수 있는 문제로 보였다. 적어도『의방강요』에 한정해서 보자면, 1910년과 그 이후 만주에서 의료진과 일반인 모두 우롄더가 고안한 거즈 마스크를 착용하도록 이끌었던 폐페스트는, 조선에서 발병한 적 없는 전염병으로서 예방법은 고민되지도 않았다. 그 대신 페스트 방역 활동은 국가 권력이 개입해서 통제해야 하는 선박 및 철도 검역이나 쥐잡기 활동 등에 집중되었다. 인플루엔자 또한 예방책을 딱히 제시할 필요가 없는, 많이들 걸리는 가벼운 계절성 질환으로 치부되어 증상을 완화해주는 약물들만 간단히 언급되었을 뿐이다.[8]

전염병 방역 활동 바깥에서도 마스크는 널리 활용되는 물건은 아니었다. 1880년부터 1937년 사이에는 11편의 조선어-외국어 이중어 사전과 두 편의 신조어 사전(1922/1934년)이 출간되었다.[9] 이 가운데 1880년 『한불자전韓佛字典』부터 1920년 『조선어사전朝鮮語辭典』까지, 그 어떤 외국어 사전에도 마스크나 호흡기와 관련된 어휘가 등재되지 않았다. "Mask"는 1890년 『영한자전英韓字典』과 1891년의 『한영자전韓英字典』에서 전통극인 탈춤 혹은 탈놀음에 사용되는 탈의 번역어로만 사용되었을 뿐이다. 마스크가 탈과 다른 의미, "가면假面"이나 "복면覆面" 등으로 번역되기 시작한 것은 1924년에 출간된 영한사전 『삼천자전三千字典』이 처음이었다. 그리고 일본과 중국의 사전에는 1860~70년대부터 소개되었던 "호흡기respirator"라는 물건이 조선어사전에 처음이자 마지막으로 등장한 것은 1928년 김동성의 『선영자전鮮英字典』에서였다. 마지막으로 1937년 이종극의 『외래어사전外來語辭典』에서 처음으로 마스크가 "(방독, 감기예방, 야구선수 등의) 피면구"로 소개되었는데, 이처럼 "감기 예방"의 용도로 외래 신조어인 마스크라는 단어가 식민지 사회에 완전히 정착하기 위해서는 "마스크당"이 거리를 누비는 1930년대 중반까지 기다려야 했다.[•]

스페인 인플루엔자와 마스크의 방역 도구화

식민지 조선에서 마스크가 전염병 방역 현장의 중요한 인공물로 등장한 것은 스페인 인플루엔자 팬데믹이 끝나가는 시점인 1919년 말에서 1920년 초 무렵이었다. 의학사 연구자 김택중에 따르면, 1918년 봄부터 유행하기 시작한 스페인 인플루엔자는 2차 만연이 막 진행되던 같은 해 9월부터 식민지 조선에서도 환자들이 보고되기 시작해 겨울에 정점에 이르렀다. 그리고 이는 1919년 1월이 되어서야 감소세에 들어섰는데, 그사이에 식민지 조선 전체에서 14만여 명의 사망자가 발생한 것으로 추정된다.[10] 총독부는 "긔막히게 만흔 독감의 환쟈수"에도 불구하고 별다른 대응을 전개하지 못했다. 인플루엔자가 감염자의 호흡기로부터 나온 분비물을 통해 전파되며 전염력이 높다는 것만 알았을 뿐 그 병인 자체에 대해서는 여전히 논쟁 중이었고, 마땅한 치료법도 없었으며, 적용할 법령도 분명치 않아 당시 위생 활동을 주도하던 헌병경찰은 검병호구조사檢病戶口調査로 감염자 수와 사망자 수를 집계하는 것 이외에는 별다른 활동도 하지 못했다.[11]

　1918년 겨울을 전후하여 일본과 다른 식민지들에서는 이

- 마스크가 신문에서 나타나는 신조어로 처음 등재된 사례는 1934년 청년조선사가 부록으로 제공한 『신어사전新語事典』이다. 다만 여기서는 마스크를 "가면"으로 번역하면서 "얼골의 일부 또는 전부를 가리우는 것"이라고만 소개했다.

미 관련 예방 규칙을 제정 및 배포한 반면, 조선총독부는 예방을 위해 어떠한 개인 위생 실천을 요구해야 할지 결정을 내리지 못한 상태로 1919년 봄 3차 만연의 피해를 그대로 겪었다. 일본 제국의 내무성 위생국은 1918년 여름까지는 미국과 동일하게 방역 담당자에게만 마스크(혹은 호흡기) 착용을 권고하다가 1919년 1월부터는 사람이 혼잡한 장소에서 반드시 "호흡보호기呼吸保護器(호흡기 혹은 거즈 마스크)"를 착용하고 기침 시에는 손수건 등으로 코와 입을 가리라고 요구했다. 일본 제국의 또 다른 식민지인 타이완의 총독부는 이미 1918년 11월 초에 환자의 가정은 마스크를 착용하라는 내용을 포함한 유행성 독감 예방 규칙을 담은 「유행성감모예방심득流行感冒預防心得」을 가결하고 배포했다.[12] 반면 조선총독부는 4차 만연이 진행되던 1919년 11월에야 처음으로 도지사들에게 "예방 방법"을 "일반 민중"에게 널리 알리라며 "외출 시 사람이 많은 곳"에 나가거나 감염자를 가까이에서 간호하는 간병인의 경우 "호흡보호기"를 착용하라는 지침을 처음으로 제시했다.[13] 이처럼 마스크 착용과 관련하여 개인 위생에 대한 상세한 내용을 담은 최초의 「유행성감모예방심득」은 1919년 12월 27일 경기도지사에 의해 공포되었고, 다른 도청들도 이를 좇아 해당 「심득」을 따를 것을 공포했다.[14]

역사인구학자 하야미 아키라速水融는 조선총독부의 행정적 대처가 "늦은" 이유를 당시 인플루엔자 확산을 늦출 마땅한 대응 방법이 없었다는 데서 찾는다.[15] 물론 확산을 늦출 방법이 없었던 것은 타이완 총독부나 일제 당국자들도 마찬가지였지만, 식민지 조선의 경우 타이완 및 일본과는 다른 사회적 상황에 놓여 있었다. 적어도 1919년 봄과 여름의 경우 3·1운동으로 일어난 정치적 혼란을 수습하는 데 경찰 인력이 총동원되었을 테고, 그 결과 경찰 중심의 위생 관리를 효과적으로 작동시킬 여력이 없었을 것으로 추정된다. 실제로 1919년 1~3월에 조선총독부 기관지들에서 경무총감부 위생과의 예방안이 몇 번 언급되었으나 공포되지는 못하고 단절된 뒤에 늦가을인 11월부터 다시 예방 법령 제정 논의가 이루어졌다. 더불어 한 가지 덧붙일 수 있는 가능성은 조선의 경우 일본과 타이완 등에서 제출된 「심득」을 따를 만한 물질적 조건이 갖추어지지 않았다는 점이다. 앞서 언급했던 것처럼 식민지 조선에서 마스크 혹은 호흡보호기는 1919년 전까지 전혀 일반적이지 않은 물건이었다. 실제로 인플루엔자의 비말 감염 가능성을 경고했던 1918년 10월 22일자 『매일신보每日申報』 기사는 "기침을 할 때에는 수건을 입에 대고 기침"을 하라고 권고할 뿐 마스크에 관해서는 일절 언급하지 않았다.[16]

호흡보호기가 조선총독부의 언설에서 최초로 등장한 것은 1919년 1월이었다. 이때 총독부 기관지 『조선휘보朝鮮彙報』에는 경무총감부 위생과의 일본인 보건위생 담당자들이 집필한 스페인 인플루엔자의 역사 및 병인 등과 함께 가능한 예방법이

다음과 같이 소개되었다. (1) 집회 금지, (2) 일시 휴교, (3) 관공서 등 필수 기관들은 의사의 완치 증명서를 받은 이후에만 출근 허용, (4) 완치 환자는 출근 시 다른 사람들과 최소 3척(약 90센티미터) 이상 거리를 두고 대화하기, (5) 환자의 가족 구성원은 완치 후 10일 동안은 타인의 집에 방문 금지, (6) 외출 시에는 "호흡보호기"를 착용해 "냉기와 진애의 흡입 방위," (7) 객담을 포함한 분비물로 오염된 것들은 소독 처리하기 등이었다.[17] 이와 대조적으로 같은 해 3월 동일한 기관지에 실린 경무총감부의 예방안은 1월 안과 어느 정도 중복되었지만 호흡보호기에 대한 논의는 삭제되고 환자와 거리를 두고 환자의 "객담비말"을 "흡입"하지 않도록 주의하라는 내용으로 대체되었다.[18]

재조일본인의 경우에는 조금 달랐겠지만, 적어도 조선 민중에게 이 호흡보호기라는 물건은 낯선 물건이었음이 분명하다. 일본 내지와 식민지 타이완의 경우 간단하게 "호흡보호기 혹은 거즈 마스크"라고 소개되었던 것과 달리 1919년 12월에 경기도지사가 조선말로 공포한 「심득」에서는 "호흡보호기"라는 물건이 "약국 등에서 판매하는 것이나 가제를 재봉하여 귀에 거는 자가 제작 스타일의 것"이라고 자세하게 설명되었다. 식민지 위생 당국자들은 이것이 조선인 대다수에게 낯선 인공물이라는 점을 인식하고 있었던 것이다. 실제로 당시 총독부의 조선어 신문 『매일신보』의 보도들을 살펴보면 이 「심득」의 "호흡보호기"를 조선어로 어떻게 소개할 것인지를 두고 고심한 흔

3부 한국 사회에서의 마스크의 정치

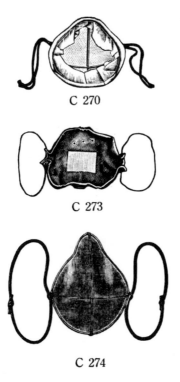

[그림 9-1] 식민지 조선에서 널리 쓰인 일본식 호흡기
(출처: 東京医科器械同業組合目録, 1934, p. 82)

적들이 엿보인다. 12월 13일 총독부 의원의 감염병 과장 다카기 이쓰마高木逸麿가 11월 지침을 자세히 소개하면서 처음으로 "마스크"와 "호흡보호기"를 써야 한다는 논평을 남겼고, 다음 날 경찰서에 배포된 「악감예방주의서」 내용에 관한 기사에서는 이 둘을 묶어 "호흡기"라고 불렀다. 이것이 무엇인지에 대한 논란이 일어났는지 12월 23일 기사에서는 이 호흡보호기를 "입

코덥개"라고 소개하고 거즈 마스크를 "입을덥는것"으로 첨언했다. 이듬해 1월에도 여전히 이 물건에 대한 이름은 확정되지 않아 경기도청의 「심득」을 소개하는 기사는 마스크를 "입차기"로 설명했다.[19] 그리고 약국에서 판매하는 물품이라고 적기는 했지만 실제로 판매처가 거의 없어 경성부는 여러 여학교 학생들이 만들도록 하고 이에 대해 개인 구매자들에게 실비 청구할 것을 요청했다.[20]

　스페인 인플루엔자 팬데믹이 잦아든 이후로도 총독부 위생 당국은 다양한 호흡기 전염병들의 대책으로 일반인들의 마스크 착용을 권고하는 인플루엔자 방역 지침을 확대해나갔다. 이 가운데 마스크라는 용어가 점차 정착하기 시작했다는 점은 주목할 만하다. 종로경찰서에서는 1921년 겨울부터 인플루엔자와 성홍열 예방을 위해 겨울철 바깥에 나갈 때에는 마스크를 착용하기를 권고했다. 1925년 겨울에 다시 경성 내 소학교들에서 성홍열이 유행하자 경기도 위생과장은 감염자가 발생한 소학교는 휴교하고 사람이 많은 곳에서는 마스크를 착용하라는 담화를 내놓았다. 1926년 1~2월에는 성홍열뿐만 아니라 발진티푸스도 유행했는데, 이때도 마스크 착용이 "최선의 예방책"으로 널리 홍보되었다.[21] 소학교의 경우에는 방역 활동이 지나치게 마스크 착용 홍보에 치우쳐져 약제나 예방주사 보급 등에 소홀하다는 비판이 나올 정도였다.[22] 사실 마스크 착용은 방역당국의 입장에서는 개인들이 습관만 들이면 되는, 돈이 들지 않

　　　　　　　3부 한국 사회에서의 마스크의 정치

는 방법으로서, 의학사학자 박윤재와 최은경이 지적한 것처럼 총독부가 주도한 결핵 예방운동이 개인 위생에만 초점을 맞추고 소극적으로 진행되었던 것과 동일선상에 놓여 있었다.

지역 위생 당국은 인플루엔자, 성홍열, 디프테리아, 뇌척수막염, 두창을 비롯한 다양한 호흡기 전염병이 유행할 때나 겨울철이면 마스크를 착용하라는 권고를 지속적으로 제기했다. 이처럼 식민 정부가 마스크 착용을 격려하는 가운데 마스크는 점차 식민지 일상의 위생 도구로 정착하기 시작했다.

가정 위생의 도구로: 마스크 착용 "논쟁"과
마스크의 젠더화

1930년대 중반에 이르면 경성 시내에 마스크를 한 조선인들이 거리를 메우는 일이 흔한 겨울 풍경이 된다. "마스크 장사"는 겨울마다 "급작이 한미천을 잡어 길거리에는 마스크를 안이한 사람이 별노없"어 "여자나 남자나 말할 것 없이 마스크들"로 얼굴을 가리고 다녔다. 그 수가 너무 많아 일부 조선 언론들에서 이들을 두고 "보기거북한 마스크당들"이라고 비난하는 목소리가 커질 정도였다. 물자가 부족하던 전시에도 마스크는 겨울철 필수품처럼 사용되었다. 1940년 12월 조선총독부는 일상생활에 필요한 물품들의 가격을 고정시키는 「가격 통제령」을 "위생 마스크"에 적용했다.[23]

이처럼 마스크가 널리 퍼진 이유를 위생 당국의 전염병 방역을 위한 마스크 착용 권고만으로 설명하기는 어렵다. 총독부뿐만 아니라 조선인 의사들과 언론들도 특히 어린이의 건강과 가정 내 환자를 돌보는 데 있어 마스크 착용의 필요성을 끊임없이 강조하여 마스크가 가정 위생의 도구로 자리 잡게 만들었다. 그리고 이 과정에서 마스크 착용은 의사들 사이에서 "오히려 건강에 해를 끼칠 정도로" 아무나, 독감과 상관없이 널리 유행하게 되었다.

당시 총독부에서 발행하던 『매일신보』뿐만 아니라 『조선일보』와 『동아일보』 『중외일보』는 조선인 부인들을 독자로 겨냥한 "가정家庭" "부인婦人" "가정부인家庭婦人" 란에 환절기 아동의 건강 관리나 가정 내 환자 돌봄과 관련해 마스크 착용에 관한 계몽 기사를 꾸준히 게재했다. 1921년부터 1940년까지 겨울철이면 소위 "가정"란에 마스크 관련 기사가 실렸으며, 그 총수는 200여 건에 달했다. 소아과, 내과, 이비인후과, 산부인과 전문의들은 환절기마다, 혹은 학생들이 여럿 모이는 상급학교 수험기간 동안 소학교나 보통학교에 다니는 유소년들 사이에서 성홍열 및 디프테리아와 같은 전염병 예방, 그리고 수유 시 영아의 감기 예방을 위한 조언 중 하나로 마스크 착용을 권했다.[24]

이들 가운데 가장 꾸준히 마스크 착용을 독려한 조선인 의사는 소아과 전문의 이선근이었다. 이선근은 1924년에 경성의

학전문학교를 졸업하고 조선총독부 의원 소아과에서 수련을 받던 중 1928년에 해당 의원이 경성제대 의학부 소속으로 재편되면서 의학부 소아과학교실 조수로 근무한, 조선에서 교육받은 최초의 소아과 전문의였다. 이선근은 1930년경부터 소아 건강에 대한 의학 지식의 대중화를 위해 강연회와 기고에 힘썼다. 경성제대에서 조수로 봉직하던 1930년부터 경성부립의원 소아과장으로 자리를 옮긴 1934년까지 그는 수차례 『동아일보』의 "가정"란에 디프테리아, 성홍열, 뇌수막염, 감기와 같이 어린이들이 걸리기 쉬운 호흡기 전염병과 겨울철 소아의 건강관리에 관한 칼럼을 기고했다. 이선근이 강조한 소아 위생의 핵심은 아동들을 환자와 접촉시키지 않고, 사람이 많이 모이는 곳에는 데려가지 않으며, 과산화수소 등으로 양치를 자주 하는 것과 함께 외출 시에 꼭 마스크를 착용시키라는 조언이었다.[25] 이 가운데 환절기마다 아동의 건강을 위해 아동들뿐만 아니라 본인과 가정 내 다른 어른들에게도 마스크를 씌워주는 것이 근대적인 위생 양식을 준수하는 조선 부인들의 도덕적 의무가 되었다. 이런 맥락에서 1934년 2월 6일 『매일신보』의 "마스크한 풍경"이라는 제목의 기사는 겨울철 아동들에게 마스크를 씌우지 않은 채 본인만 쓰고 다니는 어른들은 소아 위생의 책임을 방기한 것으로 비난받을 수 있다고 지적했다.[26]

다른 한편에서 마스크 착용이 오히려 위생적으로 해가 된다는 주장이나 비판이 제기되기 시작했다. 이런 주장의 핵심은 크게 세 가지로 요약된다.[27] 첫째, 일반적인 형태의 마스크의 경우 안에 탈지면이나 솜 대신 거즈를 여러 겹 넣되 소독한 거즈로 매일 교체할 것, 둘째, 되도록 검은색 마스크 대신 하얀 거즈 마스크를 착용할 것, 셋째, 건강한 사람은 필요한 경우에만 마스크를 쓰고 상시 착용하는 일은 지양할 것.

이 가운데 앞의 두 가지를 이해하려면 당시 상용되던 마스크가 우리가 으레 생각하는 흰색의 면 마스크가 아니었다는 점을 상기해야 한다. 소위 황사 마스크(KF 인증)가 등장하기 이전의 일반적인 방한 마스크에 가장 가까운 흰색 거즈 마스크는 1930~40년대에는 주로 군인들이 착용하는 것으로 생각되었다. 호흡기라는 용어가 마스크로 대체되기는 했지만, 식민지 일상에서는 거즈 마스크 대신에 앞서 언급한 제프리스의 호흡기를 일본식으로 변형한 것들이 널리 사용되었다. 이런 일본식 호흡기 가운데에서도 검은색의 부리 모양이 특히 많이 사용되었다. 이 부리형 마스크의 겉면은 보통 검은색의 새틴이나 벨벳, 그리고 드물게는 가죽 등을 이용해 만들어졌으며, 집에서 수제로 제작한 경우에는 털실로 만든 경우도 많았다. 또한 일반적으로 안쪽의 입이 닿는 부분에 필터 부위를 달아 이를 교체할 수 있도록 벌집 모양의 셀룰로이드를 덧댔는데, 이 필터 교체 부위에 사람들은 솜이나 탈지면, 거즈 등을 넣어 방한성을 확보했다.[28]

이 같은 딱딱한 고체형 마스크는 착용자의 머리와 코의 모

[그림 9-2] 군인이 착용하던 흰색 거즈 마스크(왼쪽)와 일반 아동들이 착용하던 검은색
벨벳 혹은 비단 마스크(오른쪽). (출처: 『매일신보』, 1919. 12. 12; 1934. 11. 26; 1938. 11. 15)

양, 두개골 크기 등에 따라 코와 입을 제대로 가리지 못하는 일
이 잦았다. 또 주로 쓰인 검은색 마스크는 때가 타도 쉽게 티가
나지 않아 빨래 및 소독을 자주 하지 않는 비위생적인 습관을
야기한다고 여겨졌다. 여기에 더해 1911~12년의 만주 폐페스
트와 1918~19년의 스페인 인플루엔자 전후 마스크의 비말 차
단 효능에 대한 연구들은 주로 거즈 마스크를 중심으로 이루어
졌기 때문에 마스크가 감염자의 비말을 차단할 수 있는 거리와
마스크 두께 간의 상관관계에 관한 연구들도 주로 거즈 매수를
기준으로 평가되었다. 이 때문에 의학 전문가들과 언론은 대여
섯 겹의 거즈 마스크를 얼굴에 맞게 만들어 착용하고 다니기를
가장 강력하게 권장했으며, 일반적으로 널리 사용되는 검은색
공단 마스크의 경우에도 적어도 입과 코가 닿는 부위에 소독
한 거즈를 대고 자주 교체하기를 권했다. 이런 권고들 역시 모

두 "부인"란 혹은 "가정"란에 게재된 것으로, 자연스레 거즈 마스크를 집에서 직접 만들거나 거즈를 매일 빨고 소독할 주체로 조선의 부인들이 호명되었다.

또 다른 비판인 건강한 사람은 착용이 불필요하다는 점은 일견 코로나19 사태 초기에 건강한 일반인의 마스크 착용을 권고하지 않았던 WHO와 각국의 보건 당국의 입장들을 상기시킨다. 그러나 코로나 시기와 달리 당시의 의사들은 갑자기 추워지는 환절기나 인플루엔자 유행과 같은 시기에는 건강한 일반인들도 전차를 탑승하거나 사람이 많은 장소에서는 마스크를 착용해야 한다고 보았다. 다만 이런 예외적인 상황이 아닌 경우에도 마스크를 착용하는 것은 일반인의 건강에 해를 끼칠 수 있다고 보았다. 예를 들어 경성의학전문학교 내과학교실 조교수 임명재는 호흡기에 문제가 있거나 허약한 경우가 아니면 마스크를 늘상 끼고 다닐 경우 추위 및 세균에 대한 저항력이 오히려 약해질 뿐만 아니라, 신선한 공기를 호흡할 기회도 앗아가 오히려 몸에 해롭다고 주장했다.[29] 1935년 12월 5일에 재조일본인들이 읽는 『조선신문』에 기고한 사설에서 일본인 의사 구보카와 쓰네히로窪川経廣는 마스크를 착용하는 것은 감기를 예방하는 소극적인 방법으로, 이를 맹신하지 말고 운동과 규칙적인 생활처럼 적극적인 방법 또한 꾀해야 한다고 말했다.[30] 이 같이 마스크 착용을 감기에 대한 소극적 예방법으로 보고, 신체의 저항력 향상을 위한 활동들을 별도로 해야 한다는 것이 당시 의사들 대다수가 동의하는 입장이었다.

　마스크 착용에 대한 가장 적극적인 비판은 비의학적인 견지에서 비롯된 것들로, 당시의 젠더 이미지에 크게 의존하고 있었다. 이 장의 서두에 소개했던 김기림은 마스크당을 비난하고 겨울마다 조카들에게 "너는 마스크를 쓰지 마러라"라는 편지를 보내던 인물이다. 스케이트 취미에 관한 동일한 수필에서 그는 다음과 같이 마스크 착용 반대론을 펼친다.

　　병석에서 일어나면 나는 또 여전히 '마스크'를 사지 않는다. 대체 사람이 감기에 대해서까지 이다지 비겁할게야 무에 있누? 하는 같잖은 자존심에서다. 그뿐 아니다. 신장이 5척 3촌을 넘는 체격 당당한 장부의 입과 코에 검은 '마스크'가 걸려 있는 꼴이란 나는 비록 천하의 약장사들의 항의를 받는 한이 있을지라도 그렇게 보기 좋은 풍경이라고 거짓말을 할 수는 없다. 또한 여자의 얼굴의 미란 그 50퍼센트 이상이 상긋한 코와 꼭 다문 입 맨두리에 깃드려 있는 것인데, 대체 그들은 무슨 생각으로 그들의 얼굴의 이 중요한 부분을 불결한 '마스크'로서 가려버리는 겔까?[31]

　여기서 조선인 작가는 마스크가 감기 예방에 유효하다는 점을 인정한다. 다만 성인 남성이 검은 마스크를 쓰고 있는 모습이나 여성들이 코와 입을 가리고 다니는 외관이 그를 "철저한 반마스크당"으로 만든 것이다. 환자가 아닌 건강한 성인 남성이 마스크를 착용하는 것은 유약해 보이고, 성인 여성들의 경우 미용의 관점에서 좋지 못하다는 것이 마스크 반대론자들의 주요 입장이었다. 전자와 관련된 시각을 분명히 보여주는 사설이 국가 총동원의 총력전 체제하에서 국민 체위 향상이 주요 기치가 되던 시기인 1940년 2월 5일에 『조선일보』에 실렸다. 글쓴이는 "기골이 장대하고 현기가 방장한 젊은 사람들"이 마스크를 착용하는 것이 "씩씩하고 굳센 국민을 만든다는 체위 향상의 취지, 정신"에서 찬성할 점이 조금도 없고, "국민적 기질로 따져 말하더라도 소극적"인 것을 "면치 못하고 퇴영적 기질을 기르는 한 개의 '온실'"이 된다며 다음과 같이 주장했다. "건전한 정신과 신체를 가진 청소년은 마스크를 내어던지라!"

비슷한 시기에 마스크당을 비난하던 『조선중앙일보』의 기사 역시 "녀자에게 있어서는 그 어여뿐 코를 또 가장 표정의 변화가 많고 미묘한 입을 가리고 다닌다는 것은 여간 재미적은 일이 아니"라고 논평하며 마스크 벗기를 권유했다. 재조일본인들도 이런 젠더적 관점을 견지했다. 경성제국대학의 동물심리학자 구로다 료黑田亮는 1930년대 마스크를 쓴 사람들로 가득한 경성의 통근 전차에 관한 수필에서 "미인"이 "약간의 먼지를 들이마시거나 인후를 다치는 것"을 염려해서 마스크를 쓴다면 전차 안에서 자신의 아름다움을 드러내지 못할 것이고, 조금이라도 "애교를 보이려는 속셈이 있다면 얼굴 전체를 드러내야 한다"고 썼다.[32] 이외에도 겨울철에 여학생들이 마스크로 얼굴을 가려 그 외모를 보지 못하는 것이 불만이라는 내용의 사설들이 여럿 게재되었다.

다만 성인 남성의 경우와 달리 여성들이 마스크를 썼을 때에도 아름답게 보일 수 있도록 마스크 색깔 및 종류에 대한 조언이나, 눈 화장에 대한 미용상의 제언들도 줄을 이었다. 또 겨울철 마스크 착용이 여성의 입술이 트거나 피부가 상하는 것을 막는 피부 미용 관리법이 될 수 있다는 의견도 제시되었다. 이는 건강함과 강인함 같은 남성성과 대조된다고 본 마스크가 병약하고 유약한 여성 상과 공명하는 부분이 있다고 생각했기 때문으로 보인다. 예를 들어 1936년에 소설가 이태준이 발표한 『까마귀』에서 남성 주인공이 호감을 갖게 되어 "나의 가엾은 레노어"라고 부르던 결핵에 걸린 젊은 여성은 "상장喪章 같은 마스크"를 두르고 창백한 얼굴로 나타난다. 1940년에 출간된 홍은표의 동화 『첫눈 오던 날』에 묘사된 것처럼 도회지에서 온 소년이 마스크를 두르고 길을 걸어가면 시골 아이들에게 병약한 도시 아이라고 놀림을 받았지만, 젊은 여성이 마스크를 썼을 때는 가냘픈 아름다움을 보이는 것으로 여겨졌다. 이처럼 방역 현장을 넘어 마스크가 가정 위생 도구로 자리 잡는 가운데 식민지 조선에서 마스크는 (거즈 마스크의 경우) 여성이 집에서 가족의 건강을 위해 직접 제작하고, 매일 깨끗이 빨고 관리하며, 본인의 용모와 사회적 미를 위해 신경 써야만 하는 젠더화된 인공물이 되었다.

나가며: 마스크와 함께 살아가기

식민지 시대의 마스크 착용에 관한 역사적 에피소드들은 오늘날 우리에게 어떤 의미를 갖는가? 이웃 나라들과 비교해보면 마스크는 스페인 인플루엔자가 종식을 고하던 1919년 겨울이라는, 꽤나 늦은 시점에 식민지 조선에 알려졌다. 그리고 인플루엔자 방역 지침의 일부로 포함된 마스크 착용이 다른 호흡기 전염병에 대한 방역 방법으로 확대되는 동시에, 마스크는 가정 위생의 도구로 자리 잡게 되었다. 언론에서는 "조선 부인"들을 독자로 하는 "가정"란에 당시 널리 쓰였던 검은색 일본식 호흡기가 비위생적이라며 가족 구성원들, 특히 소아의 마스크를 자주 빨아 쓰거나 적어도 그 안에 넣는 거즈는 매일 갈아줘야 한다고 조언했다. 이 같은 권고는 당시 독자로 상정되던 조선인 여성들의 일반적인 가사노동 조건들을 고려해보면 비현실적이었다. 마스크 세탁 권고가 막 등장하던 1931년경에 급수량이 가장 넉넉했던 인천 수도는 인천 거주 조선인의 25퍼센트에게만 공급되고 있었다. 이러한 수도 사정을 고려하면 가족 구성원들의 마스크는 물론이거니와 거즈를 매일 세탁하는 일을 실천에 옮길 수 있는 가정은 별로 없었을 것임을 쉽게 짐작할 수 있다. 남성 의사들과 언론인들은 이런 현실은 도외시한 채 조선인 여성을 가정 위생의 총책임자로 호명한 것이다.

1930년대 들어 마스크 착용이 일반화되면서 마스크 착용을 여성적인 행동으로 간주하거나 마스크를 관리하는 일을 가정 위생의 이름으로 여성에게 전담시키는 것처럼 마스크와 마스크 착용의 젠더화가 일어났다. 한편에서는 건장한 성인 남성이 쓰기에는 부적절한 "온실" 같은 물건으로 비난하는 가운데 "가정"란을 통해서는 아동의 건강을 위해 마스크를 씌우라는 지침이나 어떤 마스크가 좋은지, 마스크를 얼마나 자주 소독하고 청결하게 두어야 할지 등 조선인 부인이 맡아야 할 마스크 관리에 대한 조언과 지식이 끊임없이 제기되었다. 이런 의학적 조언의 이면에는 위생상 올바른 마스크를 청결히 관리하지 못해 가족들의 건강을 해치게 되면 그 책임은 여성에게 있다는 가정이 있었다.

마스크와 관련하여 코로나19 팬데믹의 일상을 일제강점기의 일상과 비교하여 되짚어보면 묘한 기시감이 든다. 아동들의 마스크 착용과 관리에 대한 책임은 누가 지는가? 아이들이 쓸 마스크의 효능을 따지고 구매하고, 아이들에게 이를 올바로 쓰는 법을 가르치는 역할은 누가 맡고 있는가? 거리에서 마스크를 쓰지 않은 아동을 볼 때 그에 대한 비난의 대상은 누가 되는가? 코로나19 사태 초기에 한국 맘카페의 담화를 분석한 한 과학사회학 연구는 마스크가 "엄마들"의 담화 가운데 한국 사회에서 도덕적 사물moral object이 되어간다고 진단했다.[33] 비록 해당 연구가 강조하지는 않았지만, "엄마들"이 마스크에 "도덕성"을 유난히 부여한 이유는 한국 사회에서 가족의 건강과 관련해 "엄마들"의 책임을 강조하는 사회적 맥락을 배경으로 한다. 식민지 조선의 마스크의 역사는 (포스트) 코로나 시대의 가족 건강에 대한 도덕적 책무가 일제강점기와 유사하게 주로 여성에게 부여되고, 또 이 같은 젠더 편향적인 방향으로 계속 나아가게 만들어 가사노동과 가정 내 도덕적 책임의 분배 불균형을 낳는 것은 아닌지 되돌아보게 한다. 마스크와 함께 살아가기 위해서는 먼저 어떠한 형태의 가족이든 마스크를 관리하고 이를 통해 구성원들의 건강을 돌보는 일이 특정 젠더, 특정 개인에게만 요구될 것이 아니라 공동으로 수행해나가야 하는 활동임을 재인식해야 할 것이다.

10장
황사 마스크에서 코로나 마스크까지:
변화하는 공기 위협에 대응하는 일상적인 사물˙

김희원, 최형섭

2020년 초 코로나19 팬데믹이 시작된 이후 한국의 초기 방역 대책은 국제사회로부터 성공 사례라는 긍정적인 평가를 받았다. 국내외의 평론가들은 한국이 확진자 수를 낮게 유지할 수 있었던 요인으로 확진자들을 대상으로 하는 신속 검사와 공격적인 동선 추적, 그리고 체계화된 의료 체계를 꼽았다. 한국 정부는 검사 및 확진, 역학 조사 및 추적, 그리고 격리 및 치료로 이어지는 대응을 종합하여 3T(test, trace, treat) 방역 모델이라고 이름 붙였다. 확산 초기의 1차 파도가 지나가고 2020년 6월이

● 이 글은 Heewon Kim & Hyungsub Choi, "From Hwangsa to COVID-19: The Rise of Mass Masking in South Korea," *East Asian Science, Technology and Society* 16(1), 2022를 바탕으로 번역·수정한 것이다. 전재를 허락해준 구오웬화郭文華 편집장에게 감사를 전한다.

되자 정부는 3T 방역 모델을 "국제 표준"으로 추진하겠다는 방침까지 밝혔다. 이러한 노력 덕분에 국내 확진자 수는 간헐적인 급증기를 제외하고는 비슷한 조건의 다른 나라들에 비해 비교적 낮은 수준을 유지할 수 있었다. 이러한 경향성은 2022년 초까지 이어졌다.[●]

이 글에서 우리는 한국 사회의 코로나19 방역 대책의 여러 측면 중에서 특히 마스크에 주목할 것이다. 전염병 예방을 위해 코와 입을 가리는 마스크를 쓰기 시작한 것은 이미 100여 년 전의 일이었다. 20세기 초에 유행한 만주 페스트와 스페인 인플루엔자에 대응하기 위해 세계 각지에서는 주변에서 구할 수 있는 천을 이용해 마스크를 만들어 사용하기 시작했다.[1] 그런데 코로나19 팬데믹이 시작되면서 서구 사회에서는 마스크 착용을 강제하는 정책을 두고 상당한 논란이 벌어진 데 반해 한국을 비롯한 동아시아 여러 나라에서는 이를 비교적 흔쾌히 받아들였다. 왜 이러한 차이가 생겼는지 설명하기 위해 일부 서구 언론에서는 문화근본주의cultural essentialism에 기대기도 했다. 동아시아에서 마스크를 방역 도구로 적극적으로 활용하

● 코로나19 사태가 2년 넘게 이어지면서 한국의 방역 상황에도 여러 차례에 걸친 변화가 있었다. 이 글은 그 모든 변화를 추적하는 것을 목표로 하지 않는다. 다만 한국 정부는 오미크론 변이 바이러스 확진자 수가 감소세에 접어들자 2022년 5월 2일부로 실외 마스크 의무 착용 규정을 해제했는데, 그럼에도 불구하고 여전히 많은 사람들이 실외에서도 마스크를 착용하곤 했다는 점을 지적해둔다.

는 데 대해 시민들이 저항하지 않은 것은 뿌리 깊은 문화적 요
인 때문이라는 견해였다.[2]

    이 글은 코로나19 위기 초기 단계의 한국에서 마스크가 보
편적으로 이용되고 있는 현상이 모종의 문화적 가치나 100여
년 전부터 이어져 내려온 면 마스크를 착용하는 관습에서 기인
한다고 해석하기보다는, 황사와 미세먼지라는 비교적 짧은 역
사를 지닌 공기 경험의 재연再演, reenactment으로 보아야 한다고
주장한다. 한국인이 마스크를 쓰기 시작한 것이 (다른 나라들과
마찬가지로) 오래되기는 했지만, 지금과 같이 대규모로 마스크
를 쓰기 시작한 것은 2000년대 초반 이후의 일이었다. 황사와
미세먼지 등 공기오염물질에 대한 경각심이 높아지면서 한국인
은 개인용 보호장비로 마스크를 본격적으로 동원하기 시작했
다. 이를 계기로 한국에는 일회용 마스크를 대량 생산할 수 있
는 산업적 인프라와 마스크의 품질을 보증해주는 제도적 인프
라가 구축되었고, 이것은 마스크가 한국인의 일상적인 사물로
자리매김하기 위한 물질적 기반이 되었다.

    코로나 시대의 마스크를 황사와 미세먼지 방지용 마스크
의 재연으로 보는 것은 마스크가 일상적인 사물로 사용되기 시
작한 연원을 촘촘하게 알아보려는 시도의 일환이다. 과거 행
위가 재연되기 위해서는 그로 인해 변화한 사회적, 제도적, 물
질적 조건과 해당 행위에 대한 해석이 밑바탕이 되어야 한다.
2000년대 미세먼지를 막기 위해 썼던 정전기 필터가 장착된 부

직포 마스크와 이후 코로나19 예방을 위해 쓰는 마스크는 각각 어떤 사회물질적 맥락 속에서 어떤 의미를 획득했는가? 그 의미는 서로 어떻게 연결되거나 구분되는가? 이 글은 지난 20여 년 동안 서로 다른 공기 위기 속에서 마스크를 쓰는 행위가 갖는 연속성과 불연속성의 복잡한 상호작용을 살펴봄으로써 일상적인 사물이 가지는 의미가 어떻게 변화했는지를 추적해볼 것이다.

"황사 마스크"의 등장

2000년대 초반까지 한국인은 마스크를 일상적으로 착용하지 않았다. 1988년 4월 22일자『조선일보』는 중국인들이 극심한 대기오염으로부터 스스로를 보호하기 위해 마스크를 쓰고 있다고 보도했다. 기사에 따르면 중국 서부 지역에서 시작된 황사가 베이징을 뒤덮었다. 도시 전체가 마비될 정도로 상황이 심각해지자 사람들은 최대한 실내에만 머물렀고, 부득이하게 외출할 때는 마스크를 쓰거나 스카프를 둘러 얼굴을 가려야 했다. 매년 봄이 되면 황사가 북서풍을 타고 국경을 넘어 한국에 들어왔지만, 오염된 공기 때문에 마스크를 착용한 채 생활한다는 내용이 보도된 적은 없었다. 이는 당시 한국인에게 마스크란 독감 유행처럼 특이한 상황에 제한적으로 사용하는 물건이었다는 사실을 보여준다.

[그림 10-1] 초미세먼지 농도 '나쁨'인 날, 뿌옇게 보이는 서울 도심의 풍경. (사진: 연합뉴스)

오히려 한국인에게 중국의 대기오염과 일상에서 마스크를 쓴 사람들의 모습은 이미 당면한 현실보다는 디스토피아적인 미래를 표상하는 장치였다. 1987년 환경청에서 발표한 "환경 보건장기종합계획"에 등장한 미래 시나리오에 따르면 2000년 한국의 주요 도시는 황사와 유사한 먼지로 뒤덮여 있고, 광화문 앞에서 교통정리를 하는 경찰관들은 1960년대 일본인이나 1980년대 중국인과 같이 마스크를 착용한 모습으로 그려졌다.

물론 황사가 호흡기에 해로운 영향을 미친다는 사실은 상식처럼 알려져 있었다고 해도 과학자들이 황사의 구성 성분을 조사하기 시작한 것은 1990년대에 들어서부터였다. 과학적 지식이 축적되면서 대기오염의 위협에 대한 우려가 커졌다. 환경부 역시 황사에 대한 지식 축적에 기여했다. 환경부가 1993년에 발표한 "황사 먼지 성분 분석 결과" 보고서에 따르면 황사가 관측된 4월의 대기 중 납과 크롬의 농도는 3월보다 두 배 이상 증가했다. 당시 중국의 공업지구가 급성장하면서 대기오염이 심각해지고 있었기 때문에 언론에서는 황사를 오염된 중국 대기의 "국경 침범"으로 묘사했다.[3]

황사의 건강 위해성에 대한 한국인의 경각심이 본격적으로 높아지기 시작한 것은 2000년대의 일이었다. 이 무렵부터 한국에는 일상적으로 착용하는 마스크가 등장했다. 황사에 대한 경각심이 높아지자 한국 기상청과 보건의료 전문가들은 황사에 각종 오염물질이 섞여 있을 가능성을 고려했을 때 건강을 위해 적어도 실외에서는 마스크를 착용할 것을 권고했다. 이어서 2000년대 중반에는 황사의 건강 위험을 분석하는 보건학 연구가 본격적으로 이루어지기 시작했다. 보건학자 황승식을 중심으로 한 연구진은 주관적인 증상, 폐 기능, 병원 이용률, 사망률과 같은 여러 건강 지표와 황사의 상관관계를 입증했다.[4] 이러한 노력을 통해 황사로 뒤덮인 대기는 국민의 삶에 직접적인 영향을 미치는 심각한 보건환경 문제가 되었다.

흔히 그렇듯이 가장 먼저 반응한 것은 관련 시장이었다. 제조업체들은 "황사 마스크"라는 이름이 적힌 새로운 종류의 마스크를 판매하기 시작했다. 곧 가까운 슈퍼마켓, 약국, 문구점에서 쉽게 "황사 마스크"를 구매할 수 있게 되었고 그 인기는 날이 갈수록 더해갔다. 일반 면 마스크의 두 배에서 세 배 정도 높은 가격에도 불구하고 봄 황사철이 되면 "황사 마스크"의 판매량은 급증했다. 2007년 봄, 어느 대형마트 체인점의 황사 마스크 판매량은 작년과 비교해 세 배나 증가하기도 했다.[5] 공기 오염물질을 걸러준다고 알려진 공기청정기와 삼겹살 같은 상품과 함께 마스크 판매량 역시 계절에 따라 주기적인 양상을 나타냈다. 심각한 황사가 한반도를 강타할 것이라고 예보되면 기업들은 이를 겨냥한 "황사 마케팅" 전략을 시행해 더 많은 황사 관련 제품을 소비자들에게 제공했다.

"황사 마케팅" 상품들이 인기를 끌었다는 것은 자신의 건강은 스스로 지켜야 한다는 생각이 대중적으로 팽배했음을 보여준다. 하지만 마스크나 공기청정기 같은 제품들이 실질적으로 효과적이었을까? "황사 마스크"라는 제품이 한국인의 일상으로 들어온 후 얼마 지나지 않아 언론에서는 그 효과성에 대해 의문을 제기하기 시작했다. 2007년 4월 3일자 〈KBS 뉴스〉 보도에 따르면 시중에서 "황사 마스크"라는 이름으로 판매되고 있는 15종의 제품 중 14종이 일반적인 먼지 크기의 입자조차 거르지 못했다. 곧이어 『조선일보』는 "진짜 '황사 마스크'는 없다"(2007. 4. 16)라는 제목의 기사를 통해 황사 마스크의 성능을 객관적으로 검증할 수 있는 공인된 절차가 부재하다는 점을 지적했다. 언론의 폭로성 보도 이후 서울시 보건환경연구원 소속 연구원들은 서울 시내 상점을 돌며 구매한 황사 마스크를 대상으로 성능검사를 시행했다. 총 34종의 제품 중 2종만이 합격 점수를 받았다. 언론이 폭로성 보도를 통해 제기한 의혹대로 당시 시판 중인 대다수의 황사 마스크가 제 이름에 부합하는 성능을 내지 못하고 있었던 것이다. 검사 결과의 세부 내용은 그해 한국대기환경학회 추계학술대회에서 발표되었다.

황사 마스크의 품질 미달 문제가 공론화되자 정부는 무언가 대책을 내놓아야만 했다. 한국 식품의약품안전청(이하 식약청)은 2008년, 충북대학교의 한 연구진이 수행한 "황사 마스크 품질 평가에 대한 연구"를 지원했다. 해당 연구 결과를 바탕으로 식약청은 이듬해인 2009년에 "황사 방지용 및 방역용 마스크의 기준 규격에 대한 가이드라인"을 발표했다. 이 가이드라인은 황사 방지용 및 방역용 마스크 제조업체들이 검사 대상인 마스크를 사람에게 씌우고 염화나트륨 에어로졸이 들어 있는 밀실 안에 설치된 러닝머신 위에서 걷고 큰 소리로 정해진 문장을 말하게 하는 등 표준화된 시험을 거치도록 했다. 이후 황사 방지용 및 방역용 마스크는 "보건용 마스크"라는 항목으로 관리되기 시작했다. 보건용 마스크는 그 여과 효율에 따라 KF80(여과 효율 80퍼센트 이상), KF94(여과 효율 94퍼센트 이상), KF99(여과 효율 99퍼센트 이상)로 구분되었다. 가이드라인에 따르면 KF80은 황사 방지용으로, KF94와 KF99는 방역용으로 사용할 수 있었다. 오늘날 알려진 KF 인증 시스템은 이러한 과정을 통해 만들어졌다.

　　　　　　　　　3부 한국 사회에서의 마스크의 정치

각자도생을 위한 사물로서의 미세먼지 마스크

한국에서 마스크가 일상적으로 쓰이기 시작한 중요한 계기는 미세먼지라는 새로운 공기오염물질에 대한 우려가 심화된 일이었다. 국제암연구소IARC에서 2013년에 미세먼지를 발암물질로 규정하자 한국 정부는 시민을 대상으로 미세먼지에 대한 올바른 정보를 알리기 위해 미세먼지와 황사를 비교하는 홍보물을 제작했다. 이 홍보물에 따르면 특정한 발원지와 계절이 있는 황사와 달리, 미세먼지는 입자 크기가 10마이크로미터 이하(PM10) 혹은 입자 크기가 2.5마이크로미터 이하(PM2.5)인 공기오염물질을 모두 포함하며 1년 내내 발생할 수 있었다. 또한 황사는 자연 현상이고 미세먼지는 인공적이라는 차이도 있었다. 마침내 2014년 2월에 환경부 국립환경과학원에서 미세먼지 예보를 시작하면서 사람들은 미세먼지 농도를 매일같이 손쉽게 확인할 수 있게 되었다. 이러한 조치는 새롭게 드러나기 시작한 미세먼지의 위험성을 시민에게 널리 알리고 경고하기 위함이었다.

무색무취하다고 여겨진 공기가 실상 위험하고 두려운 것이라는 사실이 알려지자 한국 시민들은 미세먼지와 같은 공기 문제에 대해 목소리를 내기 시작했다. 이 문제에 대해 가장 적극적으로 나선 시민단체는 "미세먼지에 대한 대책을 촉구합니다"(미대촉)였다. 2016년에 인터넷 카페를 기반으로 창설된 '미대촉'은 1년 만에 4만여 명의 회원을 확보하면서 규모를 빠르게 키워갔다. 2017년 2월, '미대촉'은 미세먼지에 대한 정책 제안서를 발표했다. 제안서에는 국내 미세먼지 기준을 WHO 수준으로 높이고, 유치원과 공립학교에 공기청정기와 환기시설을 설치하고, 미세먼지가 발생하는 근본적인 원인을 면밀하게 조사한다는 등의 내용이 담겼다. '미대촉'의 사례가 보여주듯 한국에서 공기오염 문제는 곧 정치적인 문제로 비화했다.

황사와 미세먼지 등 공기오염 문제에 대한 한국인의 대응은 21세기 한국 사회의 분위기를 반영했다. 사람들은 자신이 머무는 공간으로 오염물질이 침투하는 것을 막기 위해 다양한 기술적 해결책을 도모했다. 공적인 문제를 사적인 방식으로 해결하려는 태도, 즉 "각자도생"하겠다는 의지는 실내 공기 질 개선에 효과가 있다고 주장하는 가전제품을 구매하는 행동으로 이어졌다. 2016년 한 온라인 쇼핑몰은 대기 중 미세먼지 농도 변화와 공기정화 제품의 판매량을 비교했는데, 미세먼지 농도가 치솟으면 약 이틀 뒤에 공기정화 제품의 판매량이 급증하는 양상이 나타났다. 이 회사는 공기정화 제품의 판매 양상이 더 이상 계절 주기와 함께 오르내리는 것이 아니라 그때그때 발표되는 미세먼지 농도와 밀접하게 연동되어 있다고 결론지었다.[6]

다른 공기정화 제품과 마찬가지로 일회용 마스크는 오염된 공기로부터 사람들을 임시방편으로나마 보호할 수 있는 도구로서 인기를 얻었다. 2014년 2월 슈퍼마켓과 온라인 쇼핑몰의 통계에 따르면 마스크 판매량은 1년 전 같은 달과 비교했을 때 최대 2,873퍼센트까지 증가했고, 품절 사태도 빈번하게 발생했다.[7] 중앙정부와 지방정부 모두 저소득 소외 계층에게 무료로 마스크를 지급하기 위한 예산을 더 많이 확보하는 등 미세먼지 대응책으로 마스크를 동원했다. 2017년 서울시 교육청은 유치원과 초등학교 학생들에게 54만 장의 마스크를 무료 지급하겠다고 발표했다.[8]

보건용 마스크에 대한 수요가 증가함에 따라 마스크 산업에 뛰어드는 업체가 늘어났다. 그에 따라 마스크 생산 설비가 대대적으로 확충되었고, 이는 공급의 증가로 이어졌다. 그 결과 KF 인증검사를 받은 마스크는 2016년부터 점점 늘어나기 시작했다. KF 표준에서 정한 기준을 통과한 보건용 마스크 제품의 숫자는 2013년에 39종에 불과하던 것이 2016년에는 무려 여섯 배나 증가했다. 국내 마스크 매출액 또한 2016년 152억 원에서 2018년 1145억 원으로 2년 만에 7.5배나 증가했다. 이러한 통계는 황사 또는 미세먼지에 의한 마스크 수요가 2010년대 중반 이후 급증했음을 보여준다. 공기오염물질로부터 자신을 보호하고자 하는 사람들은 촘촘한 정전기 필터를 장착한 보건용 마스크를 개인보호장비로 인지했다. 2010년대 후반에 일회용 보건용 마스크는 한국 소비자들이 쉽게 찾고 구매할 수 있는 일상적인 사물로 자리 잡게 되었다.

코로나19와 한국의 대응

2020년 1월 20일, 한국에서 첫번째 코로나19 확진자가 나왔다. 설 명절을 며칠 앞두고 감염병이 확산될 조짐이 보이자 사람들이 처음 보인 반응은 마스크를 사재기하는 것이었다. 이러한 반응은 오염된 공기를 거르기 위해 마스크를 써온 경험이 만들어낸 일종의 조건반사 같은 것이었다. 근 몇 년 동안 미세먼지에 대한 공포로 마스크를 쟁여놓는 사람들이 많아지면서 일회용 마스크 품귀 현상이 빈번하게 발생했다. 코로나19 확산 초기에도 황사와 미세먼지가 심해졌을 때와 마찬가지로 대부분의 사람이 보건용 마스크부터 찾기 시작하면서 마스크 물량이 부족해졌다. 전국적인 "마스크 대란"의 시작이었다. 아직 코로나19 유행이 얼마나 지속될지도 불투명했을 뿐만 아니라 정부의 마스크 착용 권고가 있지도 않은 상황이었다. 그럼에도 마스크 사재기 현상이 광범위하게 나타났다는 것은 한국인들이 미세먼지 유행 시나 황사철의 행동 패턴을 '재연'한 것이라고 보아야 할 것이다.

시민들의 자발적 사재기 움직임에 불을 붙여 "마스크 대란"을 심화시킨 것은 2009년에 만들어진 마스크 규격에 대한 가이드라인이었다. 팬데믹 초기에 질병관리본부(이하 질본) 관계자가 한 언론과 진행한 질의응답에서 KF94 등급 마스크가 코로나19 바이러스를 "많은 부분 막을 수 있다"고 말했다. 마스크 공장을 방문한 식품의약품안전처(이하 식약처) 처장 역시

KF99나 KF94 마스크를 착용하는 것이 바이러스 전염을 막는 데 효과적일 것이라고 말했다.[9] 초기의 마스크 규격 가이드라인에서 KF80 마스크는 황사 방지용, KF94와 KF99 등급의 마스크는 방역용 마스크로 분류했기 때문에, 질본 관계자와 식약처장의 안내가 잘못된 내용은 아니었다. 높은 등급의 보건용 마스크 착용을 권고하는 관계자들의 발언이 널리 전해지자, 1월 말 온라인 쇼핑몰의 KF94 판매량은 평소보다 무려 30배 이상 증가했다.

이렇게 불붙은 마스크 사재기와 품절 사태에 직면한 정부는 초기의 입장을 철회하고 새로운 지침을 발표할 수밖에 없게 되었다. 문제가 된 질본 질의응답이 기사화되고 약 2주가 지난 2020년 2월 12일에 식약처와 대한의사협회(이하 의협)는 공식적으로 "마스크 사용 권고사항"을 발표했다. 이 권고사항에서는 KF80 등급 이상의 보건용 마스크는 호흡기 질환이 있거나 감염 의심자를 돌볼 때에만 착용할 것을 권장했다.[10] 식약처와 의협의 권고는 감염 증상이 없는 사람의 마스크 착용이 비효율적이라는 입장을 취했다. 이러한 입장에는 가뜩이나 마스크가 모자란 상황에서 직접적으로 위험에 노출된 의료진이 사용할 마스크를 확보하자는 의도가 깔려 있었다. 더구나 2020년 2월의 "권고사항"은 팬데믹 초기부터 WHO가 견지하던 기본 방침과 궤를 같이했다.

하지만 식약처와 의협의 "권고사항"은 이미 널리 퍼진 대중의 마스크 착용 습관과 어긋나는 것이었다. 마스크의 불필요한 수요를 억제하려는 관계 당국의 노력에도 불구하고 높은 등급의 의료용 마스크는 여전히 개인의 건강을 보호하는 도구로 널리 받아들여지고 있었던 것이다. 정부 측은 "권고사항"과 그에 따른 가이드라인을 알리는 캠페인을 벌임으로써 마스크 사재기에 나서는 대중의 욕구를 잠재우려 했지만 그다지 효과적이지 않았다. 이미 자리 잡은 대중적 인식이 쉽게 바뀌기를 기대할 수 없었다. 결과적으로 정부의 마스크 가이드라인은 새로운 논란을 일으키며 오히려 혼란만을 가중시켰다.

감염병 예방을 위해 마스크를 써야 하는가? 천 마스크나 "덴탈 마스크"로 알려진 가벼운 마스크도 괜찮은가? 아니면 KF 인증을 받은 보건용 마스크를 고집해야 하는가? 천 마스크에 정전기 필터를 끼워 쓰면 되지 않을까? 이후 몇 주 동안 이러한 질문들을 둘러싼 격심한 논쟁이 벌어졌다. 이 와중에 코로나19 확산은 새로운 국면에 접어들었다. 이때까지 코로나19에 대응하는 한국의 방역 시스템은 확진자 동선 추적, 광범위한 검사, 그리고 기민한 자가격리 정책의 조합으로 이루어졌다. 그러나 2월 중순에 감염 경로를 파악할 수 없는 확진자가 등장하고 그 확진자가 다녔던 교회에서 추가 확진자가 무더기로 나오면서 감염원을 중심으로 방역망을 구축하는 전략이 흔들리기 시작했다. 정부는 기존의 방역 시스템을 보완하는 새로운 접근법을 마련해야 했다. 그리고 방역 전략의 전환은 보건

3부 한국 사회에서의 마스크의 정치

용 마스크가 갖는 의미를 미묘하게 바꾸어놓았다. 즉, 마스크가 바이러스의 발자취를 뒤쫓는 것이 아닌 한 걸음 앞서 움직이는 해결책으로 등장하면서 그 의미가 개인적 보호 도구에서 집단적 예방을 위한 도구로 변화한 것이다.

감염병 확산 상황이 악화되자 정부 역시 새로운 마스크 가이드라인을 제시할 수밖에 없었다. 2020년 3월 초에 식약처와 질본에서 발표한 개정 "권고사항"에서는 마스크를 착용해야 하는 대상을 유증상자와 의료진을 넘어 "지역사회 일반인"으로 대폭 확대했다. 확진자 수가 급증하자 광범위한 마스크 착용을 통해 추가 확산을 막아야 할 필요가 대두되었던 것이다. 다만, 마스크 부족 사태를 감안해 상황에 따라 사용할 수 있는 마스크의 종류도 KF94, KF80 등 인증받은 보건용 마스크에 더해 정전기 필터가 달린 천 마스크까지 포함시켰다. 천 마스크는 감염 가능성이 낮은 사람들이 보건용 마스크를 확보하지 못한 경우 유용하게 사용될 것으로 기대되었다.[11] 또한, 개정된 가이드라인은 마스크의 재사용을 위한 이용수칙을 제공하기도 했다. 정부 측 입장의 변화는 확산 일로에 들어선 새로운 상황에 대응하기 위한 것이었지만, 국내 마스크 생산량이 절대적으로 부족한 여건하에서는 마스크를 둘러싼 혼란을 잠재우기에 한계가 있었다. 결국 2020년 3월 초까지 정부가 취한 입장은 이미 대중적으로 자리 잡은 마스크 착용 습관을 재확인시켜주는 것에 불과했다. 시민들은 여전히 고품질의 인증 마스크를 구하는 데 어려움을 겪고 있었다.

　코로나19 시대에 마스크 착용을 둘러싸고 벌어졌던 일련의 사건들은 방역을 위해 적절한 수준의 마스크 성능 기준이 객관적인 데이터로 확정할 수 있는 것이 아니라 상황에 따라 유연하게 변화할 수 있음을 방증한다. 2020년 1월부터 4월까지 코로나19로부터 개인과 공동체를 보호하기 위해 어떤 등급의 마스크를 쓰는 것이 적절한지에 대해 서로 다른 입장을 가진 전문가들 사이에서, 그리고 대중적으로도 신랄한 토론이 이어졌다. 누군가는 천 마스크로도 충분하다고 말했고, 다른 이들은 KF80 이상의 마스크를 써야만 한다고 주장했다. 급기야 식약처는 2020년 6월, 코로나19 감염의 주요 원인으로 알려진 비말을 차단할 수 있는 KF-AD라는 새로운 KF 등급을 신설해 마스크 기준에 추가했다. 2009년 기준에서는 질병 확산을 막기 위해 KF94 또는 KF99 마스크를 사용하도록 권고했지만, 새로운 공기 위협에 대응하는 과정에서 기존의 엄격한 해석이 완화된 것이었다.

　위험한 공기오염물질로부터 나 자신을 보호하기 위해, 그리고 감염성 질병이 확산되는 상황 속에서 공동체를 보호하기 위해 우리는 마스크를 착용한다. 물리적으로는 같은 행동이지만 두 행위의 의미에는 상당한 차이가 존재한다. 전자의 마스크는 착용자가 본인을 지키기 위해 쓰는 개인보호장비이기 때문에 사용하지 않는다고 해서 타인에게 피해를 주지는 않는다.

하지만 후자의 마스크는 나를 보호하는 것을 넘어 내가 타인에게 피해를 입힐 가능성을 차단하기 위한 것이다. 따라서 시민들이 일상적으로 마스크를 착용할 수 있도록 증대된 수요에 맞게 적절한 공급량을 확보하는 것은 공동체를 관리하는 국가의 책임이 된다. 한국 정부는 마스크 착용을 둘러싼 두 달간의 혼란 끝에 마스크 방역에서 자신의 역할을 충분히 이해하게 되었다. 2020년 7월, 새로운 등급이 추가된 "상황별 추천 마스크 가이드라인"에는 높은 등급의 보건용 마스크 생산 능력의 한계에 대한 보건 당국의 고민이 반영되었다.[12] 나아가 마스크 공급 책임에 부응하기 위해 정부는 관련 업계가 보건용 마스크를 충분히 생산하고 시민들에게 균등하게 분배되도록 유도하기 시작했다.

정부는 모든 시민을 위한 마스크를 확보하기 위해 마스크 산업에 적극적으로 개입했다. 우선 제조업체들이 보건용 마스크 생산을 위해 등록하고 인증받는 절차가 신속하게 진행될 수 있도록 지원했다. 2020년 3월 정부가 발표한 보도자료에 따르면, 1월 29일 이후에 추가로 등록한 제조업체는 총 22곳이었고, 이들이 하루에 생산할 수 있는 마스크는 총 47만여 장이었다. 또한, 정부는 관세청에서 마스크 수입 신속통관 지원팀을 운영하는 한편 마스크 수출을 제한함으로써 마스크의 국내 공급량이 늘어날 수 있도록 했다.[13] 마지막으로, 정부는 마스크 생산업체가 하루 생산량을 매일 신고하도록 하여 보건용 마스크 수량을 관리했다. 신고되는 내용에 근거해 국내에서 생산되는 마스크의 80퍼센트를 정부가 직접 구매한 뒤 약국이나 슈퍼마켓 등 지정된 판매처에 공급했다. 시민들의 마스크 구매 이력은 전산 시스템에 등록되어 매주 정해진 개수의 마스크를 마스크 값이 폭등하기 전 가격으로 구매할 수 있게 되었다.[14] 이것이 "공적 마스크" 프로그램의 시작이었다. 이로써 코로나19 팬데믹이라는 위기 속에서 마스크는 "공적public" 속성을 갖게 되었다.

"공적 마스크"라는 이름에는 공동체의 건강을 지키고자 하는 정부의 재난 대응 방침이 담겨 있었다. 마스크를 "공공화"하는 것은 일반 대중이 마스크에 쉽게 접근할 수 있어야 한다는 점을 의미했다. 이를 위해 정부는 "마스크 5부제"라는 공적 분배 시스템을 도입했다. 사람들은 2020년 3월 9일부터 출생 연도에 따라 정해진 요일에 우체국, 약국, 그리고 주요 소매점 등 지정된 장소에서 보건용 마스크를 1,500원에 구매할 수 있었다. 사재기를 막기 위해 한 번에 구매할 수 있는 수량은 처음에 두 장으로 시작해 수급이 안정화된 이후에는 세 장, 이후 다섯 장으로 점차 늘어났다. 3월 말이 되자 정부는 "공적 마스크" 프로그램을 통해 한 주에 1억 개 이상의 일회용 마스크를 공급하게 되었다.[15] "공적 마스크"라는 전략에는 방역을 위해 모두가 집단적 마스크 착용에 참여해야 한다는 정부의 메시지가 담겨 있었다. 마스크는 단지 스스로를 보호하기 위한 장치를 넘어 공동체를 지키기 위한 사회적 책임과 연대의 상징이 되었다.

나가며

2000년대 중반 공기오염의 건강 위험에 대한 우려의 목소리가 커지면서 한국에서 일회용 마스크 착용이 보편화되었다. 마스크의 품질과 성능 기준을 마련했던 정부의 노력 덕분에 한국에는 고품질의 마스크를 대량으로 생산할 수 있는 마스크 산업이 형성되었다. 따라서 코로나19라는 새로운 공기 위협이 등장했을 때, 한국 정부는 모든 사람이 마스크를 착용할 수 있는 사회물질적 인프라를 어느 정도 갖추고 있었다. 이러한 측면에서 코로나19 시대의 마스크는 일회용 보건용 마스크를 대량으로 생산할 수 있는 산업적·제도적 기반을 형성한 황사와 미세먼지 마스크의 최근 역사가 되풀이된 것이라고 볼 수 있다. 코로나19 초기에 한국인이 마스크에 대해 보인 태도와 행동은 국내 마스크 산업의 생산 역량과 정부의 마스크 성능 및 품질 규제를 바탕으로 형성된 것이었다.

그러나 "황사/미세먼지 마스크"가 "코로나 마스크"로 기능하기 위해서는 어느 정도의 조정 과정을 거쳐야 했다. 우선 바이러스 전파에 대한 과학적 지식이 충분하지 않았기 때문에 보건 당국은 마스크 착용에 대한 일관된 가이드라인을 제시할 수 없었다. 이러한 상황에서 마스크 성능 기준은 새로운 보건 위기에 대응할 수 있도록 수정되었다. 다음으로 "미세먼지 마스크"가 사적이고 개인주의적이었던 반면에 "코로나 마스크"는 사회적 책임과 연대의 상징으로 부상했다. 한국 정부는 국내 마스크 업계를 동원하여 충분한 마스크를 생산하고 확보하며, 이를 공평하게 분배하기 위한 "공적 마스크" 제도를 통해 새로운 공기 위협에 효과적으로 대응했다.

따라서 동아시아 여러 국가에서 나타난 "마스크 사회" 현상은 가깝거나 먼 과거의 습관이 그대로 이어진 것이라고 말할 수 없다. 일부 서구 언론에서 잘못 지적했듯이 동아시아 각국에서 오랫동안 마스크를 쓰는 습관을 유지해온 것도 아니었다. 마스크가 방역 도구로 등장한 1910년대 이후 대중적으로 그리고 일상적으로 마스크를 쓰는 행위는 나타났다가 없어지기를 반복했다. 여러 공동체에서 마스크의 사회적 삶이 변화한 데에는 각 지역만의 독특한 이유와 역사적 맥락이 존재한다. 일본에서는 꽃가루 문제와 2차 대전 이후 팽배한 불확실성이라는 사회적 배경을, 홍콩과 타이완, 중국에서는 2000년대 초 사스 SARS의 확산과 정치적 불안정성을, 그리고 한국에서는 황사와 미세먼지 문제가 대두된 이후 마스크 산업의 등장이라는 맥락을 구체적으로 살펴보아야 마스크 사회의 본질을 이해할 수 있는 것이다.[16] 이렇듯 마스크 사회를 둘러싼 각국의 기준과 입장은 개별적인 경험을 바탕으로 형성된 것이지, 단일한 경험이나 요인이 오늘날 일상에서 마스크를 쓰는 행동을 확정지었다고 해석할 수는 없다.

11장
코로나19 시대 한국의 마스크 생태계[*]

장하원

들어가며

코와 입을 가리는 마스크는 단연코 코로나19 시대에 가장 눈에 띄는 사물일 것이다. 마스크가 눈에 띄는 이유 중 하나는 그것의 의미와 가치, 그리고 존재 양식 자체가 이번 팬데믹을 거치며 급격히 변화했기 때문이다. 코로나19가 처음 발생한 이후 수개월간 호흡기 증상이 없는 사람들이 보편적으로 마스크를 착용하는 것이 감염의 확산을 막아주는지에 대해서는 논쟁이

● 이 글은 장하원·임성빈, 「코로나19 시대의 마스크들: 보건용 마스크와 마스크 생태계」, 『비교한국학』 30(1), 2022, pp. 43~69의 일부를 발췌하여 수정, 보완한 것이다. 이러한 작업을 흔쾌히 허락해주신 임성빈 선생님과 편집인 선생님들께 감사드린다. 일부 생략된 출처와 참고문헌은 원문을 확인하기 바란다.

있었다. 그러나 시간이 갈수록 마스크는 의료 분야의 종사자뿐 아니라 일반 시민에게도 필수적인 개인보호장비personal protective equipment, PPE로 간주되었으며, 환자뿐 아니라 건강한 사람들이 일상적으로 마스크를 쓰는 것이 중요한 방역 지침이 되었다. 이렇게 마스크의 위상이 변화하는 가운데 마스크는 더 많이 생산되었고, 그 시기와 정도에 차이가 있지만 세계 곳곳에서 더 많은 사람들이 마스크를 썼다. 마스크는 이번 팬데믹 시기를 거치며 가장 크게 변화한 사물로, 그것의 의미와 가치가 달라졌을 뿐 아니라 수 자체가 폭발적으로 증가했다.

대다수의 사람들이 마스크로 얼굴을 가리고 있는 모습은 생경한 풍경이자 일종의 '문화적' 현상으로서 언론과 학계의 주목을 받았다. 한국과 일본 등 동아시아의 몇몇 국가들에서는 WHO나 방역 당국이 마스크 착용을 권고하기 전부터 호흡기 증상이 없는 시민들이 자발적으로 마스크를 착용하는 경향이 나타났다. 반면, 서구의 여러 나라에서 건강한 사람들이 마스크 쓰기에 동참한 것은 시기적으로도 한참 늦었을 뿐 아니라, 몇몇 지역에서는 정부에서 마스크 착용을 강제하는 데 강하게 반발하는 경우도 관찰되었다. 이러한 동서양의 차이로 인해 동아시아 사람들의 대대적인 마스크 착용은 더욱 부각되었고 독특한 문화적 현상으로 해석되었다. 언론 보도에서는 중국이나 일본의 거리에서 모든 사람들이 마스크를 쓴 채 거닐고 있는 사진이 내걸렸고, 이러한 집단적 마스크 쓰기를 가능하게 하는 요인으로서 마스크로 얼굴을 가리는 것에 대한 금기가 거의 없다는 점, 호흡기 질환이 유행할 때 마스크를 쓰는 경향이 있었다는 점, 대기오염 문제로 인해 마스크 쓰기가 점점 일상화되고 있었다는 점 등 동아시아 사회의 특수한 역사적, 사회적, 문화적 요인이 꼽혔다.[1]

그간의 연구들에서 마스크에 대한 인식의 차이나 변화에 주목하여 각 사회에서의 마스크 실천의 양상을 해석한 것과 달리, 이 글에서는 한국 사회에서 코로나19 팬데믹을 거치며 '어떤' 마스크가 '어떻게' 존재하게 되었는지 살펴보려고 한다. 마스크를 쓰는 행위는 마스크로 통칭되는 사물의 의미나 가치를 수용하는 것을 의미할 뿐만 아니라 특정한 재질과 형태의 물체를 구해 코와 입 주위에 부착하는 물질적 실천이기도 하다는 점에서, 마스크의 물질성을 탐구할 필요가 있는 것이다. 이러한 작업에서 어떤 사물은 본질적 특성을 지닌 객체라기보다는 사회적이고도 물질적인 실천들 가운데 특정한 물체로서 성취되는 것으로, 그러한 결과를 만들어내는 각각의 사건들과 관계들 없이는 존재할 수 없다.[2] 따라서 마스크의 물질성은 마스크의 속성이나 가치를 미리 상정하지 않은 채, 우리 사회에서 어떤 마스크들이 어떤 실천들과 관계들에 의존하고 있으며 어떤 실천들과 관계들을 새롭게 만들어내는지 따라가보는 과정을 통해 이해될 수 있다. 이러한 작업은 우리가 '왜' 마스크를 쓰는가의 문제를 넘어 지금 우리 손에 들린 마스크가 '무엇'인지를 드러넘으로써, 일회용 보건용 마스크를 중심으로 하는 현재의 방역 체제와 팬데믹 대응 방식에 대해 고찰하는 계기가 될 것이다.

보건용 마스크를 위한 생태학적 조건들

어떤 사물의 존재를 가능하게 하는 연쇄는 평소에는 드러나지 않다가 어딘가에서 문제가 생기는 순간 가시화된다. 코로나19 사태는 우리 사회에서 마스크, 특히 폴리프로필렌과 펄프로 만들어진 일회용 마스크를 위한 생태학적 조건들을 드러내는 사건이었다. 중국 우한 지역에서 2019년 말 발생한 원인 미상의 호흡기 질환은 2020년 1월 초부터 주변국에서 점차 발병이 확인되었고, 한국에서는 2020년 1월 20일 첫 확진자를 시작으로 감염자 수가 서서히 증가했다. 주목할 점은 코로나19 확산이 본격적으로 시작되지도 않은 1월 말부터 우리 사회에서 KF 등급의 일회용 보건용 마스크의 판매량이 급격히 증가했다는 사실이다.[3] 당시 방역 당국은 WHO의 지침을 참고하여 호흡기 증상이 없는 사람들이 코로나19 감염을 예방하기 위해 굳이 보건용 마스크를 쓸 필요가 없다고 안내했으나, 시민들은 권위 있는 WHO나 정부 당국의 권고와는 상관없이 적극적으로 보건용 마스크를 구해 썼다. 2020년 1월 말부터 한국의 약국과 편의점에서 보건용 마스크가 동나기 시작했고, 2월에는 보건용 마스크의 가격이 치솟고 품귀 현상이 이어지는 '마스크 대란'이 일어났다.

팬데믹 초기 우리 사회에서 그토록 귀중해진 마스크라는 사물은 '무엇'인가? '보건용 마스크'라고 불리는 마스크는 우리 사회에서 비교적 새로운 종種으로, 2000년대 후반을 거치며 마련된 제도적 기반에 의존하는 사물이다. 2009년과 2010년에 걸쳐 신종 인플루엔자A(신종플루)가 유행하고, 이에 더해 2000년대를 거치며 황사와 미세먼지 문제가 점점 심각해지면서, 보건 용도로 쓰이는 일회용 마스크들이 증가하고 이를 관리하는 체계가 만들어졌다. 당시 식품의약품안전청(이하 식약청)에서 발간한 책자에서 마스크는 일반 공산품인 방한대, 산업용 방진 마스크, 그리고 의약외품으로 관리되는 마스크 등으로 나뉘며, 이 중 의약외품으로 관리되는 마스크로는 보건용 마스크, 수술용 마스크, 황사 방지용 마스크, 방역용 마스크 등이 있었다. 중요한 점은 이러한 마스크 중 황사 방지용 마스크와 방역용 마스크만이 그에 장착된 필터의 성능을 검증하는 시험을 거친다는 점이다. 사람이 공기를 들이마실 때 마스크가 작은 입자를 걸러주는 비율을 측정하는 분진포집 효율 시험, 공기를 들이마실 때 마스크 내부가 받는 저항을 측정하는 안면부 흡기저항 시험, 마스크를 착용했을 때 틈새로 공기가 새는 비율을 측정하는 누설률 시험 등 세 가지 시험을 거친 일회용 마스크에는 KF(Korean Filter) 등급이 붙는다.[4] 미세입자를 80퍼센트 이상 걸러주는 KF80은 황사 방지용 마스크, 각각 94퍼센트와 99

퍼센트 이상 걸러주는 KF94와 KF99는 방역용 마스크로 분류되며, 이후 이러한 KF 등급의 마스크들은 '보건용 마스크'로 묶여 관리된다. 이러한 검증과 관리 제도를 기반으로 일정 수준의 필터 성능이 입증된 일회용 KF 마스크가 탄생했다.

2010년대는 우리 사회에서 이러한 일회용 보건용 마스크가 번성할 수 있는 물질적 조건들이 갖추어진 시기다. 신종플루 문제가 어느 정도 해소되면서 마스크의 수요는 주춤했지만, 2013년 WHO가 미세먼지를 1급 발암물질로 지정하면서 우리 사회에서 마스크의 수요가 다시금 급격히 증가한 것이다. 이에 보건용 마스크를 생산하는 업체와 제품 수도 계속해서 증가했다. 연구개발 분야에서도 미세먼지에 대응하는 마스크 제품이 활발히 만들어졌는데, 2014년부터 2018년 사이에 미세먼지 마스크 관련 특허가 연평균 134건으로, 이전에 비해 두 배 이상 출원되었다는 점이 이를 단편적으로 보여준다.[5] 또한 정부 차원에서도 미세먼지 문제를 해결하는 중요한 도구로서 마스크의 생산과 분배를 관리했는데, 미세먼지 농도가 높은 날에는 보건용 마스크를 취약 계층에게 제공하는 정책이 시행되기도 했다. 이처럼 특수한 필터가 장착되어 특정한 성능 시험들을 통과한 보건용 마스크가 생산되고 관리될 수 있는 물질적, 제도적 기반이 갖추어지면서 한국에서 KF 규격에 맞는 일회용 마스크는 곳곳에 존재하는 일상적인 사물이 될 수 있었다.

코로나19 팬데믹은 이러한 보건용 마스크의 편재를 갑자기 뒤흔드는 사건이었다. 새로운 감염병으로 인해 일회용 보건용 마스크의 수요가 급격히 증가하는 데 반해, 팬데믹으로 인해 여러 영역에서 노동력이 부족해지면서 마스크 생산과 공급의 연쇄는 제대로 작동할 수 없었다. 이러한 상황에서 일회용 보건용 마스크의 경제적 가치는 급격히 상승하고 세계 곳곳에서 품귀 현상이 벌어졌다. 비교적 마스크의 생산과 판매가 원활하게 이루어지던 한국에서도, 많은 시민들이 한꺼번에 KF 등급의 마스크를 구해서 쓰기 시작하자 몇 주 지나지 않아 보건용 마스크가 절대적으로 부족해졌다. 2월이 되자 대형마트와 약국 앞에 보건용 마스크를 사려는 사람들의 줄이 이어졌다. 이러한 마스크 대란은 그저 마스크 자체가 부족해서 생겨난 사건이라기보다는, KF 등급의 일회용 마스크를 치열하게 추구하는 경향이 반영된 것이었다. 그렇다면, 보건용 마스크의 번성을 위한 또 하나의 조건은 바로 그것을 적극적으로 구하는 다수의 사람들이라 할 수 있다.

보건용 마스크가 우세종이 되기까지

코로나 사태 초기에 우리에게 보건용 마스크가 유일한 선택지였던 것은 아니다. 당시에는 보건용 마스크와 함께 천 마스크 또한 개인보호장비로서 권고되곤 했다. 보건용 마스크가 모자라는 상황에서 방역 당국과 전문가들은 보건용 마스크와 천 마스크의 효과에 대해 다소 상이한 입장을 그대로 내보였다. 몇 몇 정부 관계자와 전문가는 보건용 마스크의 효과를 강조했는데, 일례로 2020년 1월 29일 식품의약품안전처(이하 식약처) 처장은 마스크 생산업체를 점검하는 가운데 "코로나바이러스 감염 예방에 KF94, KF99 마스크를 쓰라"고 말했다.[6] 그러나 당시 질병관리본부(이하 질본)는 보건용 마스크뿐 아니라 면으로 된 마스크 역시 개인보호장비로 기능할 수 있다고 강조했다. 2월 초 질본의 정례 브리핑에서는 일반 국민들에게 올바른 마스크 착용법을 안내하면서, 보건용 마스크가 아닌 방한 마스크도 침방울이 직접 호흡기에 닿는 것을 막아줄 수 있다고 설명했다.[7]

   같은 시기에 감염병 분야의 전문가들이 제시한 마스크 지침에서도 보건용 마스크와 천 마스크에 대한 평가가 다소 엇갈린 채로 제시되었다. 코로나19 감염을 예방하기 위해서 어떤 종류의 마스크를 써야 할지 전문가별로 의견이 달랐는데, 같은 감염내과 분야의 전문가라도 어떤 이는 KF 등급이 있는 일회용 마스크를 권하는가 하면, 다른 한편에서는 천 마스크도 충분히 도움이 된다고 언급했다.[8] 어쨌든 당시 전문가들은 일상생활에서도 어떤 마스크든 쓰는 것이 안 쓰는 것보다 낫다고 강조했다. 이처럼 코로나 사태 초기에는 보건용 마스크와 함께, 천 마스크 또는 방한 마스크 역시 일정 수준의 효과를 갖는 것으로 인식되었고, 때로는 정부 관계자나 일부 전문가에 의해 이러한 마스크들이 지속적으로 권해졌다.

　이처럼 사람들이 감염병을 예방하기 위해 자발적으로 마스크를 착용하는 가운데, 한국에서는 마스크가 개인보호장비로서 효과가 있는가에 대한 논쟁이 서구에 비해 빨리 사그라들었다. 당시 우리 사회의 현안은 코로나19 확산을 방지하기 위해 일반인의 마스크 착용이 필요한지를 결정하는 것이 아니라, 대대적인 마스크 착용으로 인해 보건용 마스크가 부족해진 사태에 대응하는 것이었다. 2020년 3월 3일 질본과 식약처에서는 마스크 착용 권장 대상을 "지역사회 일반인"으로 확대하고 사용 가능한 마스크의 종류와 사용법을 안내하는 개정안을 발표했다.●9 건강한 사람은 평상시에 보건용 마스크를 쓸 필요가 없다고 설명했음에도 마스크 대란을 잠재우지 못하자, 결국 3월 초 마스크 착용 대상을 일반인으로 확대하되 다양한 종류의 마스크를 활용하도록 유도하는 권고안을 낸 것이다. 이 권고안에서는 면 마스크 사용을 권유하고 보건용 마스크를 재사용할 수 있는 방안을 안내했는데, 당시 보건용 마스크의 수요가 지나치게 높아진 것에 대응하여 만들어진 권고안이었다고 볼 수 있다. 반면, 3월 12일 대한의사협회(이하 의협)에서 제시한 "마스크 사용 권고안"은 코로나19의 감염을 막기 위해서는 면 마

●　이는 WHO가 6월 초에 이르러 건강한 사람도 사람이 밀집한 장소에서는 마스크를 쓰라는 수정된 지침을 내놓은 것에 비하면 발빠른 조처였다고 볼 수 있다.

스크가 아닌 보건용 마스크를 착용할 것을 권고했다. 의협에서도 질본과 마찬가지로, 호흡기 증상이 있는 사람뿐 아니라 건강한 일반인도 보건용 마스크를 착용하는 것이 감염 예방에 도움이 된다는 점을 강조했지만, 질본과 식약처가 제시한 마스크 착용 권고안보다 더 엄격하게 마스크의 종류를 제한한 것이다.

이러한 한국의 마스크 사용 지침 개정안들은 대다수 국민들이 자발적으로 보건용 마스크를 구해서 쓰는 상황에 맞춰 만들어진 것이다. 한국에서는 국제기구와 정부, 방역 부처가 건강한 사람은 마스크를 쓸 필요가 없다고 강조할 때에도 많은 사람들이 마스크, 특히 보건용 마스크를 사서 쓰기 시작했고, 그로 인해 보건용 마스크가 지나치게 부족해지면서 한국의 마스크 정책은 조정될 수밖에 없었다. 당시의 개정안은 보건용 마스크의 품귀 사태로 인한 사회적 갈등의 심화를 막기 위한 것으로, 질본과 일부 전문가들은 보건용 마스크의 빈자리를 면으로 만든 마스크나 방한 마스크, 또는 이미 사용한 보건용 마스크를 재활용함으로써 채우려 했다.

이렇게 마스크 사용 지침을 개정하는 것과 병행하여, 한국 정부는 국민들의 마스크 쓰기 실천에 맞춰 마스크의 생산과 분배 체계를 정비했다. 우선, 보건용 마스크의 국내 생산량과 수입량을 늘리고 해외 수출 물량을 줄였다. 또한, 출생 연도에 따라 지정된 장소에서 제한된 개수의 '공적 마스크'를 구매하도록 하는 새로운 보건용 마스크 분배 시스템이 만들어졌다. 이처럼 보건용 마스크의 원활한 공급을 추진하면서, 한편에서는 비말 차단용 마스크(Korea Filter-Anti Droplet, KF-AD)의 표준이 새롭게 제정되었다. 비말 차단용 마스크는 바이러스 전파를 매개하는 비말을 차단할 수 있는 성능을 입증하는 액체 저항성 시험을 거친 마스크로, 다른 KF 등급 마스크에 비해 미세입자 차단 효과는 낮지만 그만큼 호흡이 편안한 제품이었다. 보건용 마스크의 비용과 착용 부담을 완화시키기 위한 다각도의 노력 속에서 KF 등급 마스크의 종류와 수가 증가한 것이다.

이러한 정책들이 시행되면서 한국 내 마스크 수급은 비교적 빨리 안정되었다. 수개월간의 공적 마스크 정책이 종료된 이후, 2020년 8월 말을 기준으로 보건용 마스크를 비롯하여 식약처에서 관리하는 의약외품 마스크의 주간 총생산량은 2억 512만 개가 되었고, 이 중 보건용 마스크가 50퍼센트 이상, 비말 차단용 마스크가 40퍼센트 이상의 비중을 차지했다. 마스크 생산업체는 2020년 1월 말 137개 사에서 8월 말 396개 사로 증가했다.[10] 보건용 마스크 수요가 갑자기 증가하여 대란을 겪긴 했지만, 오히려 코로나19 팬데믹을 거치며 KF 등급의 일회용 마스크 생산을 위한 물질적, 제도적 기반은 더욱 확대되고 안정화된 것이다.

이렇게 우리 사회에서 마스크를 쓰는 대상의 범위가 넓어지고 KF 등급의 일회용 마스크를 중심으로 마스크의 수급 문제가 해소되는 과정을 다른 국가들의 상황과 거칠게라도 비교해 볼 필요가 있다. 예컨대, 미국의 질병통제예방센터CDC에서는 2020년 4월 3일 마스크 착용 권고 대상을 일반 시민들로 넓혔는데, 이때 시민들에게는 보건용 마스크 대신 천 마스크fabric mask 착용이 권해졌다. 보건용 마스크의 공급이 절대적으로 부족한 상태에서, 보건용 마스크는 코로나19 감염 의심자나 감염자를 돌보는 의료진들에게 우선적으로 배분되어야 한다고 본 것이다. 또한, 일반인들의 경우 천으로 된 마스크를 쓰는 것만으로도 충분히 코로나19 확산을 억제할 것이라고 판단한 것이다.[11] 이와 유사한 논리하에, 싱가포르 정부는 민간 기업과 협력하여 재사용이 가능한 천 마스크를 개발하여 국민들에게 배포했다. 시민 대다수가 마스크를 함께 쓴다면, 천 마스크로도 감염 확산을 효과적으로 막을 수 있다고 본 것이다.[12]

이어서 WHO 역시 마스크 착용 지침을 수정하는데, 이때도 건강한 일반 시민들에게는 주로 천 마스크 착용이 권장되었다. WHO는 2020년 5월까지는 마스크 착용 대상을 호흡기 증상이 있는 환자들에 국한했는데, 이러한 지침의 근거로 WHO가 참고한 연구들은 일반적인 호흡기 질환에서 마스크가 감염원 통제, 즉 환자의 비말이 외부로 나오는 것을 효과적으로 막아준다고 했다. 그에 반해 건강한 사람이 마스크를 썼을 때의 이익에 대한 과학적 증거는 부족하다고 보았다.[13] 그러나 2020년 6월 5일, WHO는 건강한 사람도 다른 사람들을 대면할 때 마스크를 쓰라는 수정된 지침을 내놓았는데, 과학계에서 코로

3부 한국 사회에서의 마스크의 정치

나19의 무증상 감염이 점점 확실시되고 있었기 때문이다.[14] 이때 마스크는 증상이 없더라도 자신이 무증상 감염자일 경우를 대비해 공동체를 보호하기 위해 써야 하는 것이 되었고, 천 마스크는 비말을 막아줌으로써 코로나19 감염의 연쇄를 끊어주리라고 여겨졌다.

이처럼 코로나19로 인해 발생한 마스크의 생산과 공급 문제는 각각의 사회에서 다른 방식으로 해소되며 서로 다른 마스크 생태계를 만들어냈다. 한국의 마스크 생태계에서 우세종으로 자리 잡은 것은 보건용 마스크와 비말 차단용 마스크, 즉 KF 등급을 받은 일회용 마스크로, 이는 우리 사회에서 효과적인 마스크를 구하기 위해 분투하는 시민들의 실천에 발맞추는 정책과 제도, 그리고 물질적 기반이 만들어낸 결과다. 이로써 한국에서는 다른 국가들에서 보건용 마스크가 부족하여 천 마스크 착용이 권고되고 있는 상황에서도 상대적으로 저렴한 가격으로 안정적으로 보건용 마스크를 구할 수 있게 되었다.

보건용 마스크가 우세종인 한국 사회의 마스크 생태계에서 마스크의 가치를 결정 짓는 요인은 주로 마스크의 감염 예방 효과, 더 정확히 말하면 몇 가지 표준화된 실험을 통해서 입증된 필터의 성능이 된다. 그렇기 때문에 그러한 기준을 만족하는 유사한 재질과 형태의 보건용 마스크들이 더욱 활발히 생산되고 선택되고 사용된다. 물론 한국에도 폴리프로필렌과 필프로 만들어진 일회용 보건용 마스크뿐 아니라 면이나 다른 재질로 만들어진 마스크가 존재한다. 또한, 일회용 보건용 마스크가 오랜 기간에 걸쳐 사용되면서 형태와 색상 등도 점점 다양해져왔다는 점에서, 보건용 마스크도 다양한 사물로 분화되었다. 그러나 여기서 주목해야 할 사실은 KF 등급의 일회용 마스크, 특히 보건용 마스크가 '코로나용 마스크'의 대표가 되었다는 점이다. 더워지는 날씨에 비말 차단용 마스크와 덴탈 마스크가 빈번히 사용되다가도 코로나19가 재확산할 조짐이 보이면 보건용 마스크의 수요는 다시 급증하곤 했다.[15] 한국 사회에서 보건용 마스크라는 사물은 코로나19 감염을 가장 효과적으로 막아줄 수 있는 존재가 된 것이다.

보건용 마스크가 요청하는 실천들

그러나 마스크가 마스크로 기능하기 위해서는, 그러한 물질성을 만들어내는 지속적인 실천들이 필요하다. 마스크의 성능은 마스크 자체의 본질적인 특성에서 비롯된다기보다는 그와 연관된 사람과 사물의 관계들과 실천들 속에서 만들어지는 관계적 효과다. 코로나 시대 우리 사회에서 KF 등급의 일회용 마스크, 특히 보건용 마스크의 가치를 결정 짓는 필터의 성능은 다양한 차원의 실천들 없이는 실현될 수 없다.

첫번째는 보건용 마스크를 제대로 쓰는 것과 관련된 실천들이다. 마스크를 착용한다는 것은 방역 지침과 사회규범을 따르는 행위이자 얼굴이라는 상징적 대상을 가리는 행위이며, 무엇보다 특정한 재질과 모양의 사물을 코와 입 주변에 일정 시간 동안 부착하는 물리적 행위다. KF 등급은 마치 마스크의 필터 성능이 개별 마스크 자체에 본질적으로 주어진 것처럼 인식하게 하지만, 실제로 개별 마스크의 성능과 효과는 그것을 얼굴에 붙이는 각각의 실천 가운데 실현되는 것이다.

마스크 쓰기의 효과를 극대화하기 위해, 방역 당국은 여러 매체를 통해 마스크를 올바르게 착용하는 방법을 안내한다. 일례로, 질병관리청 홈페이지에는 이번 팬데믹 이전부터 마스크 착용법을 상세히 안내하고 있는데, 2018년의 안내에서는 다음의 여섯 단계가 제시되어 있다. (1) 마스크를 만지기 전에 먼저 손을 깨끗하게 씻어주세요. (2) 양손으로 마스크의 날개를 펼치고 날개 끝을 잡아 오므려주세요. (3) 고정심이 내장된 부분을 위로 해서 잡고 턱 쪽에서 시작하여 코 쪽으로 코와 입을 완전히 가리게 합니다. (4) 머리끈을 귀에 걸어 위치를 고정하거나 끈을 머리 뒤쪽으로 넘겨 연결고리에 양쪽 끈을 걸어주세요. (5) 양손의 손가락으로 고정심 부분이 코에 밀착되도록 고정심을 눌러주세요. (6) 양손으로 마스크 전체를 감싸고 공기가 새는지 체크하면서 얼굴에 밀착되도록 조정하세요.[16]

한편, 코로나19 사태 이후에 제시된 "코로나19 올바른 마스크 착용법"에서는 다음과 같이 주의할 점을 안내한다. (1) 마스크를 착용하기 전, 흐르는 물에 비누로 손을 꼼꼼하게 씻으세요. (2) 마스크로 입, 코를 완전히 가려서, 얼굴과 마스크 사이에 틈이 없게 하세요. (3) 마스크 안에 수건, 휴지 등을 넣어서 착용하지 마세요. (4) 마스크를 사용하는 동안 마스크를 만지지 마세요. 마스크를 만졌다면 흐르는 물에 비누로 손을 꼼꼼하게 씻으세요. (5) 마스크를 벗을 때 끈만 잡고 벗긴 후, 흐르는 물에 비누로 손을 씻으세요.[17] 또한 식약처에서 발표한 종류별 보건용 마스크 사용법을 출처로, 컵형 제품과 접이형 제품을 올바르게 착용하기 위한 세부적인 단계들을 안내하는 한편, '턱스크' 등 마스크를 잘못 착용하는 대표적인 예시들을 제시하기도 했다.[18] 코로나 전과 비교해 특히 달라진 점은 마스크 표면의 오염에 좀더 민감하게 대처하라는 것, 그리고 마스크로 코와 입을 전부 덮어야 한다는 것이 강조되었다는 점이다.

언론 보도에서도 마스크의 올바른 착용법이 꾸준히 다루어졌다. 대체로 질병관리청이나 식약처에서 발표된 내용을 출처로 삼아 유사하게 안내하고 있지만, 마스크의 종류나 재질, 또는 착용 방식에 따라 마스크의 비말 차단율이 달라질 수 있다는 보도도 있었다. 예컨대, 2020년 말 한 언론사에서는 덴탈 마스크의 줄을 꼬아서 쓰면 뺨에 마스크가 더욱 밀착되어 마스크의 비말 차단율이 약 1.5배 증가한다는 연구 결과를 보도하기도 했다.[19] 또한, 마스크를 턱에 걸친 '턱스크,' 입만 가리고 코를 내놓은 '코스크' 등 마스크를 올바르게 착용하지 않은 사례들에 대한 지적이 잇따랐으며, 주로 이러한 마스크 착용으로

[그림 11-1] WHO가 배포한 올바른 마스크 착용법.
(출처: World Health Organization, CC BY-SA 3.0 IGO)

인해 싸움이 벌어지거나 지자체에서 이러한 사례를 규제하는 처벌 규정을 만들었다는 등의 소식을 보도하면서 시민들로 하여금 마스크를 제대로 착용하도록 유도했다.[20]

애석하게도 최근의 보도에 따르면 KF94 마스크를 올바르게 착용하더라도 마스크의 필터 성능을 '완전히' 실현할 수는 없다고 한다. KF94나 KF99 등급의 마스크는 '제대로' 쓴다면 장시간 편히 쓸 수가 없는데, 필터 성능이 높아질수록 숨을 쉴 때 공기의 양을 충분히 확보하기 어렵기 때문이다. 이 경우, 사람이 필요로 하는 호흡량을 확보하기 위해 마스크와 얼굴 사이에 공기가 이동할 수 있는 틈새가 만들어지고, 아무리 마스크를 밀착해서 쓰더라도 오히려 이로 인해 호흡량이 더 부족해져서 작은 틈새로도 공기는 더 강하게 새게 된다. 이러한 사실은 이전에도 어느 정도 알려져 있었지만, 이번에는 여러 종류의 마스크를 착용한 피험자가 실제로 호흡할 때 공기의 흐름이 어떠한지 적외선 카메라를 통해 시각화되었다.[21] 물론 이 실험 역시 KF94 마스크가 다른 마스크보다는 감염 예방 효과가 높을 것이라는 점을 보여준다. 그러나 여기서 기억해야 할 점은 이러한 마스크의 필터 성능을 실현하기 위한 사람-마스크의 완벽한 결합 상태는 그리 오래 지속될 수 없다는 사실이다.

다음으로, 필터의 성능을 중심으로 하는 보건 용도를 보장하기 위해서, 정해진 기능과 가치가 사라진(또는 사라진 것으로 간주되는) 일회용 마스크는 버리는 실천을 요구한다. 마스크의 재질과 형태가 어떻든 간에, 한 번 사용한 마스크는 바이러스로 오염되었을 가능성에 대비하여 조심해서 다루어야 하는 대상으로 바뀐다. 이때 마스크의 운명은 각각의 마스크에 따라 달라지는데, 일회용 마스크는 한 번 사용하면 필터 성능이 떨어지고 바이러스에 오염되었을 가능성이 있기 때문에 보건 차원에서 가치가 급격히 하락한다. 반면, 천으로 만든 마스크나 다회용 마스크는 다른 처리 방식을 요청하고, 그것의 가치 역시 다른 경로로 변화한다. 다양한 종류의 다회용 마스크들은 세척하고 말리는 과정을 필요로 하며, 그러한 실천이 제대로 이루어지면 다시금 필터 성능을 기대할 수 있게 된다. 이로써 일회용 마스크보다 오랜 기간에 걸쳐 방역 도구로서의 가치를 지닌 채 계속해서 쓸 수 있는 사물이 된다.

일회용 마스크가 그 가치를 잃고 우리의 손을 떠난다고 해도, 그것은 쓰레기통에, 폐기물 처리장에, 또는 그 어딘가에 오래도록 남아 새로운 실천들을 요청한다. 현재 우리 사회에서 사용되는 KF 등급의 일회용 마스크는 그 기능과 가치가 사라지면 플라스틱 폐기물이 된다. 각종 일회용 마스크가 출현하고 활발히 사용되고 버려지는 동안, 한편에서는 일회용 마스크를 포함하는 의료폐기물과 일회용품의 문제가 부상했다. 일회용 마스크의 소비에 발맞춰 마스크의 생산 체계가 갖춰지면, 그것의 수명과 가치는 변화한다. 일회용 보건용 마스크의 수급이 불안정하던 시기에는 이를 재활용하는 것이 권고되었으나, 이후 보건용 마스크가 충분히 생산되면서 이를 재활용하는 것은 보건 차원에서 비합리적인 행위가 되었다. 2022년 6월 현재 전 세계적으로 매달 1290억 개의 일회용 마스크가 버려지며 플라스틱 폐기물로 쌓이고 있다. 여러 환경단체와 운동가들은 대다수의 사람들이 재활용 가능한 마스크 대신 일회용 마스크를 쓰고 있는 상황에 탄식하며, 일회용 마스크를 코로나19 시대 환경 문제의 주범으로 꼽는다.[22] 이번 팬데믹이 인간과 자연, 인간과 동물, 그리고 인간과 사물의 관계를 적절히 만들어가지 못한 결과라는 점을 상기한다면, 일회용 마스크라는 사물의 여파를 반드시 고려해야 한다는 이들의 외침을 새겨들을 필요가 있다.

[그림 11-2] 팬데믹이 장기화되면서 비대면 소비 생활이 확산되자 일회용 배달용기 등 플라스틱 폐기물 문제가 심각하게 대두되었다. (사진: iStock.com/zlikovec)

3부 한국 사회에서의 마스크의 정치

나가며: '완벽한' 마스크에서 '좋은' 마스크로

지금까지 우리 사회에서 코로나19 팬데믹 시기에 보건용 마스크를 중심으로 하는 마스크 생태계가 안정화되는 과정을 짚어보았다. 각국에서 코로나에 대응하는 마스크의 생산과 분배가 안정화되는 국소적 상황에 따라서 마스크 쓰기 실천의 모습은 달라졌다. 한국에서는 상대적으로 초기부터 보건용품으로서 마스크가 정당화되고, 보건용 마스크를 생산하고 분배하기 위한 물질적 기반이 만들어졌다. 일회용 보건용 마스크를 중심으로 마스크 쓰기 실천이 안정화된 우리 사회에서 마스크의 가치는 필터의 성능을 중심으로 평가되고, 이는 다시 유사한 재질과 형태의 일회용 보건용 마스크의 생산과 수요를 증가시켰다. 마스크의 필터 성능을 실현하는 실천으로, 한편에서는 매 순간 올바른 마스크 쓰기가 요청되고, 또 다른 한편에서는 가치가 급격히 떨어진 마스크 폐기물이 끊임없이 생산되었다. 이처럼 보건용 마스크가 코로나19 감염을 막아주는 가장 효과적인 마스크로 자리매김한 한국 사회에서, 이와 경쟁하는 '다른' 마스크가 우세종이 되기란 쉽지 않을 것이다.

이 글은 현재 우리가 사용하는 보건용 마스크를 중심으로 마스크 생태계가 안정화되는 과정과 그 결과를 드러냄으로써 지금의 팬데믹 대응 방식에 대해 성찰하는 계기로 삼고자 했다. 우세종으로서의 보건용 마스크는 우리 사회가 '완벽한' 마스크, 즉 바이러스와 같은 작은 입자를 막아주는 필터 성능이 우수한 마스크로 개인과 공동체의 건강을 지키는 데 몰두해왔음을 보여준다. 그러나 코로나19라는 전염병을 관리한다는 것은 단지 신종 바이러스가 감염되는 연쇄를 끊는 것에 더해, 그와 연관된 사람들과 사물들, 그리고 그것들의 여파를 함께 돌보는 것을 의미한다. 여기에는 지금 우리가 코로나에 대응하기 위해 어떤 마스크와 어떻게 관계 맺고 있는지를 들여다보고 더 좋은 방향으로 조정해가는 작업이 포함될 것이다. 코로나19 팬데믹은 이러한 "돌봄이 없는 상태carelessness"가 심화되면서 발생한 재난이라고 할 수 있다. 그렇다면 우리가 다양한 사물들과 맺고 있는 관계들을 조정하는 작업이 없이는 또다시 이번 팬데믹과 유사한 재난이 발생하는 것을 막을 수 없을 것이다.[23] 여전히 코로나19는 힘을 합쳐 막아야 하는 질병이지만 그에 대한 대처가 늘 처음과 같은 방식일 필요는 없다. 그간 새로운 바이러스에 대한 공포에 가려져 잘 보이지 않았던 코로나19 시대의 사물들을 살피고, 그로 인해 생겨나는 새로운 문제들에 대응할 수 있는 '좋은' 마스크를 구하려는 시도들이 이어져야 할 것이다.

서론

1 Jaehwan Hyun, "Living with Masks: Dealing with Mask-Induced Pain in South Korea," *The Mask-Arrayed*(2020. 6. 14). https://themaskarrayed.net/2020/06/14/living-with-masks-dealing-with-mask-induced-pain-in-south-korea-by-jaehwan-hyun/

2 Bruno Latour, "Where Are the Missing Masses? The Sociology of a Few Mundane Artifacts," Wiebe Bijker & John Law(eds.), *Shaping Technology/ Building Society: Studies in Sociotechnical Change*, Cambridge, MA: MIT Press, 1992, pp. 225~58.

3 John Law, "The Materials of STS," Dan Hicks & Mary C. Beaudry(eds.), *The Oxford Handbook of Material Cultural Studies*, Oxford: Oxford University Press, 2010, pp. 171~86.

4 Anders Blok, Ignacio Farías & Celia Roberts(eds.), "Actor-Network Theory as a Companion: An Inquiry into Intellectual Practices," *The Routledge Companion to Actor-Network Theory*, London: Routledge, 2020, pp. xx~xxxv.

5 Jaehwan Hyun, "Introduction—Masked Societies in East Asia: A Forum on the Socio-Material History of Face Masks," *East Asian Science, Technology and Society: An International Journal*, vol. 16, no. 1, 2022, pp. 70~73.

1장

1 "The Face Mask Global Value Chain in the COVID-19 Outbreak: Evidence and Policy Lessons," OECD(2020. 5. 4).

2   Greg Rosalsky, "Are High Mask Prices the Problem or the Solution?,"
    NPR(2020. 3. 3).

3   Anna Tsing, "Sorting Out Commodities: How Capitalist Value Is Made through
    Gifts," *HAU: Journal of Ethnographic Theory*, vol. 3, no. 1, 2013, pp. 21~43.
    https://doi.org/10.14318/hau3.1.003; Anna Tsing, *The Mushroom at the End of
    the World: On the Possibility of Life in Capitalist Ruins*, Princeton, N.J.: Princeton
    University Press, 2015.

4   Tsing, "Sorting Out Commodities," p. 22.

5   Arjun Appadurai(ed.), *The Social Life of Things: Commodities in Cultural
    Perspective*, Cambridge, U.K.: Cambridge University Press, 1986; Arjun
    Appadurai, "Commodities and the Politics of Value," *The Future as Cultural Fact:
    Essays on the Global Condition*, London: Verso, 2012, pp. 9~60.

6   Harmeet Kaur & Tami Luhby, "People around the Country are Sewing Masks.
    And Some Hospitals, Facing Dire Shortage, Welcome Them," *CNN*(2020. 3.
    24).

7   Benedict Anderson, *Imagined Communities*, London: Verso, 1983.

8   "Michigan State's Sparty Statue Gets Mask to Raise Coronavirus Awareness,"
    Lansing State Journal(2020. 4. 22).

9   Georgea Kovanis, "New Survey Reveals How Michiganders Feel about Masks,
    Whitmer," *Detroit Free Press*(2020. 7. 27).

10 Jonathan Oosting & Riley Beggin, "Maskless Activists Rally against Michigan
    Governor Whitmer after Trump Diagnosis," *Bridge Michigan*(2020. 10. 2); Jason
    Slotkin, "Protesters Swarm Michigan Capitol amid Showdown over Governor's
    Emergency Powers," *NPR*(2020. 5. 1).

11 Christine Harold, *Things Worth Keeping: The Value of Attachment in a Material
    World*, Minneapolis: University of Minnesota Press, 2020, p. 4.

12 Tanveer M. Adyel, "Accumulation of Plastic Waste during COVID-19,"
    Science, vol. 369, no. 6509(2020. 9. 11), pp. 1314~15. https://doi.org/10.1126/
    science.abd9925.

2장

1 "More than Half of Americans Wear Masks as Coronavirus' New Normal Takes Hold: POLL," *ABC News*(2020. 4. 10).

2 Mary Douglas & Aaron Wildavsky, *Risk and Culture*, Berkeley, CA: University of California Press, 1982.

3 Shaun O'Dwyer, "You Don't Have to Be Asian to Wear a Face Mask in an Epidemic," *The Japan Times*(2020. 3. 17).

4 Adam Burgess & Mitsutoshi Horii, "Risk, Ritual and Health Responsibilisation: Japan's 'Safety Blanket' of Surgical Face Mask-wearing," *Sociology of Health and Illness*, 34(2012), pp. 1184~98.

5 Mitsutoshi Horii, "Why Do the Japanese Wear Masks? A Short Historical Review," *ejcjs*, vol. 14, no. 2(2014. 7. 29). https://www.japanesestudies.org.uk/ejcjs/vol14/iss2/horii.html

6 조르조 아감벤, 『얼굴 없는 인간: 팬데믹에 대한 인문적 사유』, 박문정 옮김, 효형출판, 2021, p. 138.

7 Gilles Deleuze & Félix Guattari, *A Thousand Plateaus: Capitalism and Schizophrenia*, Minneapolis: University of Minnesota Press, 1987, Chapter 7.

8 Jenny Edkins, *Face Politics*, Routledge, 2015.

9 Sally Weale, "Chinese Students Flee UK after 'Maskaphobia' Triggered Racist Attacks," *The Guardian*(2020. 3. 17).

10 "[영상] 건강한 사람은 마스크 끼지 말라고?," 『서울경제』(2020. 3. 17).

11 미세먼지 전문가 장재연 교수 "웬만하면 마스크 벗어라…마스크가 몸에 더 해롭다," 『신동아』(2019. 3. 21); "길거리에서, 무더위에도 마스크 꼭 써야 하나," 『신동아』(2020. 4. 26).

12 Andrew Jeong, "South Korea Rations Face Masks in Coronavirus Fight," *The Wall Street Journal*(2020. 3. 15).

13 "CDC Director on Models for the Months to Come: 'This Virus Is Going to Be with Us'," *NPR*(2020. 3. 31); Carl Heneghan, Jon Brassey & Tom Jefferson, "COVID-19: What Proportion Are Asymptomatic?," The Centre for Evidence-Based Medicine(2020. 4. 6); Dena Goffman & Desmond Sutton, "We Tested All Our Patients for Coronavirus — And Found Lots of Asymptomatic Cases,"

The Washington Post(2020. 4. 20).

14 "Altruism and Solidarity — An Argument for Wearing Face Masks in the Community during the COVID-19 Pandemic," University of Birmingham(2020. 4. 23).

15 Cathy Park Hong, "The Slur I Never Expected to Hear in 2020," *The New York Times*(2020. 4. 12).

16 "Coronavirus Disease(COVID-19) Advice for the Public: When and How to Use Masks," World Health Organization(2020. 6. 8). https://www.who.int/emergencies/diseases/novel-coronavirus-2019/advice-for-public/when-and-how-to-use-masks

17 Motoko Rich, "Is the Secret to Japan's Virus Success Right in Front of Its Face?," *The New York Times*(2020. 6. 6).

3장

1 Lynne Peeples, "Face Masks: What the Data Say," *Nature*(2020. 10. 6).

2 Peter Walker, Sally Weale & Andrew Gregory, "All Plan B Covid Restrictions, including Mask Wearing, to End in England," *The Guardian*(2022. 1. 19).

3 DNA Web Team, "Wearing Mask to Remain Mandatory throughout 2022, COVID-19 Drug Needed: Dr VK Paul," *DNA*(2021. 9. 14).

4 최형섭, 『그것의 존재를 알아차리는 순간』, 이음, 2021, p. 22.

5 강수민, "'신종플루 마스크'는 좀 더 특별할까?," 『헬스조선』(2009. 10. 5).

6 Sofi Ahsan, "Explained: Delhi HC Ruling on Wearing Masks in Vehicles, Even if Driving Alone," *The Indian Express*(2021. 4. 13).

7 Nithya Mandyam, "Bengaluru: Mask Rule Violators Paid Rs 9.5 Crore Penalty Last Year," *The Times of India*(2022. 1. 2).

8 Jhinuk Mazumdar & Sanat Kmar Sinha, "Why No Mask? 'My House Is Nearby,' Replies North Kolkatan," *My Kolkata*(2020. 1. 22).

9 Garima Gupta, "Elevate Your Outfits with Vogue's Curated List of Facemasks," *Vogue*(2021. 1. 25).

10 고재원, "금주 공급되는 '비말 차단용 마스크' 덴탈마스크·보건마스크와 차이,"

『동아사이언스』(2020. 6. 2).

11 과학기술정보통신부, 『2020 마스크 앱 백서』(2020. 8).

12 이 부분은 정현수의 석사학위논문을 참고했다. Hyonsoo Jeong, "A Study of Coproduction for Information Sharing during COVID-19: Focusing on the Case of Citizen-developed Map Services in South Korea," 한국과학기술원 석사학위논문, 2022.

13 유지연, "매달 1천억개 버려지는 일회용 마스크, 환경 부담 줄이려면," 『중앙일보』(2020. 8. 16).

14 서울특별시 보건환경연구원 식품의약품부 의약품분석팀, "수제 필터 면 마스크도 보건용 마스크만큼 효과 있다," 보건환경연구원(2020. 4. 9). https://news.seoul.go.kr/welfare/archives/517254.

15 Chas Danner, "Seriously, Upgrade Your Face Mask — Omicron Is Everywhere. Dr. Abbraar Karan Explains Why Cloth Masks Don't Cut It," *Intelligencer*(2022. 1. 14).

4장

1 "「自分が出来ることを」中1女子がマスク600枚を手作りして寄付…費用8万円はお年玉を取り崩し," 『FNNプライムオンライン』(2020. 3. 18).

2 "子供のマスクは手作りを 学校再開に向け文科省が呼びかけ," 『毎日新聞』(2020. 3. 25). 정부의 요청에 관한 상세한 내용은 다음을 참고. 文科省, 「新型コロナウイルス感染症に対応した小学校、中学校、高等学校 及び特別支援学校 等における教育活動の再開等に関するQ&A」(2020. 3. 26).

3 "マスクの品薄を受けて手作り布マスクの型紙が無料公開のどの保湿や花粉症対策に売ってないものは作ろうの精神," 『ねとらぼ』(2020. 2. 3).

4 "辻希美も'手作りマスク'に進出: 使い捨てを再利用、プリーツで立体的に," 『Yahoo!ニュース』(2020. 2. 19).

5 "(静岡)手づくりマスク『生産』引きこもりから社会復帰の一歩へ," 『東京新聞』(2020. 3. 4).

6 "手作りマスク612枚を山梨県に贈る: 甲府の中1女子," 『産経新聞』(2020. 3. 17).

7 "「明るい気持ちになって」紅型模様の手作りマスク、販売始めた55歳の思い,"

『沖縄タイムス』(2020. 3. 19); "鮮やか、有松・鳴海絞マスク名古屋、職人手作り,"
『中日新聞』(2020. 3. 20).

8 山崎明子,「表象としての「千人針」―「千人針」の表象分析のためのジェンダー
理論によるアプローチ」,『家父長制世界システムにおける戦時の女性差別の
構造的研究』(2007. 3), pp. 115~29.

9 탄환을 막는 동전 신앙에 관해서는 다음의 논문에 상세하게 기술되어 있다.
渡邊一弘,「戦時中の弾丸除け信仰に関する民俗学的研究~千人針習俗を中心に」,
2014(박사학위청구논문).

10 WHO는 과거의 증거들에 비추어 볼 때 미감염자가 면 마스크를 착용하는
것이 오히려 감염 위험을 증대시킨다며 부정적인 입장을 피력했다. WHO,
"Advice on the Use of Masks in the Community, during Home Care and in
Healthcare Settings in the Context of the Novel Coronavirus Outbreak: Interim
Guidance"(2020. 1. 29).

11 "欧米でマスクへの評価が急上昇: 着用義務化の国相次ぐ,"
『日経ビジネス』(2020. 4. 8).

12 벨기에의 온라인 마스크 커뮤니티의 한 사례로는 다음의 웹사이트를 참고.
https://makefacemasks.com. 벨기에의 사례를 소개해준 루뱅 가톨릭대학교의
요크 케네스 씨에게 감사를 전한다.

13 "トランプ氏「私はマスク着用しない」…米CDC方針転換、外出時の着用推奨,"
『読売新聞』(2020. 4. 4); "WHO "マスクには一定の効果" 指針の内容を更新,"
『NHK』(2020. 4. 8); ""マスク"習慣ない欧米で相次ぎ方針転換 各国メディアが
マスク文化を分析,"『産経新聞』(2020. 4. 4).

14 "Simple DIY Masks Could Help Flatten the Curve. We Should All Wear Them
in Public," *Washington Post*(2020. 3. 29).

15 "How to Make a Non-Medical Coronavirus Face Mask: No Sewing Required,"
The Guardian(2020. 4. 6).

16 甲斐美也子「香港の化学博士が発案、高機能DIYマスク「HK Mask」とは」,
『日経BP』(2020. 3. 12).

17 타이완의 디지털 장관인 오드리 탕(탕펑唐鳳)의 2020년 4월 2일자 트윗 참고.
https://twitter.com/audreyt/status/1245379816825606146?s=20&t=Qxl6XnvQ
28e6c5anBAojLw

18 "布マスク、うちの子つけても安心? 政府は勧めるけれど、"『朝日新聞』(2020. 3. 30); "布マスクは有効?WHOは「いかなる状況でも勧めない」、" 『朝日新聞』(2020. 4. 2).

19 品田知美、『家事と家族の日常生活—主婦はなぜ暇にならなかったのか』、学文社, 2007.

20 "航空会社の客室乗務員が防護服の縫製支援−新型コロナ対策、"『時事ドット コムニュース』(2020. 4. 8); "批判殺到の「CAに防護服の縫製を依頼」は本当 なのか? 編集部取材にANAは「困惑している」、"『ねとらぼ』(2020. 4. 10); "マスクに飛行機 日航地上係員「笑顔になって」手作りで保育園児に贈る、" 『毎日新聞』(2020. 5. 4).

5장

1 Karl-Heinz Leven, *Die Geschichte der Infektionskrankheiten. Von der Antike bis ins 20. Jahrhundert*(=Fortschritte in der Präventiv- und Arbeitsmedizin 6), Landsberg/Lech: eco-med, 1997; Otto Ulbricht(ed.), *Die leidige Seuche. Pest-Fälle in der Frühen Neuzeit*, Wien: Bohlau, 2002; Diethelm Eikermann & Gabriele Kaiser, *Die Pest in Berlin 1576. Eine widerentdeckte Pestschrift von Leonhart Thurneisser zum Thurn*(1531~1595), Rangsdorf: Basilisken-Presse, 2012; Jens Jacobsen, *Schatten des Todes. Die Geschichte der Seuchen*, Darmstadt: Philipp von Zabern, 2012.

2 Rodrigo de Castro, *Rodrigo de Castro: Medicus-Politicus* [...], Hamburg, 1614, pp. 124~27; Lorenz Heister, *Chirurgie, in welcher alles was zur Wund-Artzney gehöret, abgehandelt und vorgestellet wird*, Nürnberg: Hoffmann, 1719, p. 14.

3 Franz Stockhammer, *Ansteckender Seuche [...] Gründlich- und ausführliche Nachricht [...]*, Augsburg: Joh. Jacob Lotter, 1713, p. 61.

4 Johann Jacob Scheuchzer, *Loimographia Massiliensis. Die in Marseille und Provence eingerissene Pest-Seuche*, Zürich: Bodmerische Druckerei, 1720.

5 Elke Schlenkrich, *Gevatter Tod. Pestzeiten im 17. und 18. Jahrhundert im sächsischschlesisch-böhmischen Vergleich.* (Quellen und Forschungen zur sächsischen Geschichte 36), Stuttgart: Franz Steiner Verlag, 2013, p. 201.

6 같은 곳, 주 100.

7 그림자료 ESM 2; Hans Wilderotter(ed.), *Das große Sterben. Seuchen machen Geschichte*, Berlin: Jovis, 1995, p. 128. 분량의 제약으로 이 글에서 다루고 있는 모든 대상의 이미지가 포함되지는 않았다. 그중 일부 그림 자료는 다음의 링크에서 확인할 수 있다. https://static-content.springer.com/esm/art%3A10.1007%2Fs00048-020-00255-7/MediaObjects/48_2020_255_MOES M1_ESM.pdf

8 그림자료 ESM 3; Louis Joseph Marie Robert, *Guide Sanitaire des Gouvernemens Européens [...]. Bd. 2*, Paris: Crevot, 1826.

9 그림자료 ESM 4; Fritz Dross, "Seuchen in der frühneuzeitlichen Stadt, Susanne Greiter & Christine Zengerle(ed.), *Ingolstadt in Bewegung. Grenzgänge am Beginn der Reformation*, Göttingen: Optimus, 2015, pp. 303~304.

10 Henri H. Mollaret & Jacqueline Brossollet, *La peste, source méconnue d'inspiration artistique*, Antwerpen: Koninklijk Museum voor Schone Kunsten, 1965, pp. 43~44.

11 Thomas Bartholin, *Thomae Bartholini Historiarum anatomicarum [et] medicarum rariorum centuria V. [et] VI. Accessit Joannis Rhodii Mantissa anatomica*, Kopenhagen: Peter Haubold & Henric Gödian, 1661, pp. 142~45.

12 Jean-Jacques Manget, *Traité De La Peste*, Genf: Philippe Planche, 1721.

13 Johann Georg Krünitz, *Oekonomische Encyklopädie oder allgemeines System der Staats- Stadt- Haus- und Landwirthschaft*, Berlin: Pauli, 1802.

14 그림 5-5 및 Johann Heinrich Zedler, *Grosses vollständiges Universal-Lexicon aller Wissenschaften und Künste* [...], Leipzig, 1733.

15 이에 관해서는 바이블링겐의 복원사 소냐 뮐러Sonja Müller의 복원 보고서를 참고.

16 Mollaret & Brossollet, *La peste, source méconnue d'inspiration artistique*.

17 Annemarie Kinzelbach, "Warum die Pest aus vormodernen Reichsstädten verschwinden musste. Süddeutsche Beispiele," LWL-Museum für Archäologie(ed.). *Pest! Eine Spurensuche*, Darmstadt: wbg, 2019, pp. 256~64.

18 https://plaguedoctormasks.com(접속일: 2020. 5. 21).

19 http://getwallpapers.com/collection/plague-doctor-wallpaper(접속일: 2020. 5.

21).

20 https://darkestdungeon.gamepedia.com/Plague_Doctor(접속일: 2020. 5. 21).

21 https://www.bbc.com/news/uk-scotland-edinburgh-east-fife-12934125(접속일: 2020. 5. 21).

6장

1 David Zuck, "Jeffreys, Julius," *Oxford Dictionary of National Biography*, 2004; David Zuck, "Julius Jeffreys: Pioneer of humidification," *Proceedings of the History of Anaesthesia Society* 8b(1990), pp. 70~80; Andrew Marshall & Judith Marshall, *Striving for the Comfort Zone: A Perspective on Julius Jeffreys*, Windy Knoll Publications, 2004.

2 John L. Spooner, "History of Surgical Face Masks," *ARON Journal* 5(1967), pp. 76~80; Thomas Schlich, "Asepsis and Bacteriology: A Realignment of Surgery and Laboratory Science," *Medical History* 56(2012), pp. 308~34.

3 Lien-Teh Wu, *A Treatise on Pneumonic Plague*, Geneva: League of Nations, 1926, pp. 391~93.

4 Georg Gaffky, Richard Pfeiffer, Georg Sticker & Adolf Dierrdonné, "Bericht über die Thätigkeit der zur Erforschung der Pest im Jahre 1897 nach Indien entsandten Kommission erstattet," *Arbeiten aus dem Kaiserlichen Gesundheitsamte* 16(1899), p. 325.

5 Stuart Eldridge, "Report of Transactions at the Port of Yokohama, Japan, during the Fiscal Year Ended June 30, 1900," Marine-Hospital Service(ed.), *Annual Report of the Supervising Surgeon-General of the Marine-Hospital Service of the United States for the Fiscal Year 1900*, Washington: Government Printing Office, 1900, p. 456.

6 石神亨 編, 北里柴三郎 閲, 『ペスト』, 大阪: 丸善株式会社書店, 1899, p. 95; 石神亨 編, 北里柴三郎 閲, 『増補再版ペスト』, 大阪: 丸善株式会社書店, 1900, p. 95.

7 石神亨 編, 北里柴三郎 閲, 『増補再版ペスト』, p. 161.

8 같은 책, pp. 147~60.

9 같은 책, pp. 153~54.

10 関東都督府 臨時防疫部, 『明治四十三、四年「ペスト」流行誌』, 1912, p. 372.

11 Special Committee of the American Public Health Asociation, "Influenza," *Journal of the American Medical Association* 71(1918), pp. 2068~73; 内務省衛生局, 『流行性感冒』, 東京:内務省衛生局, 1922, p. 77.

12 宝月理恵, 『近代日本における衛生の展開と受容』, 東信堂, 2010, p. 245.

8장

1 Gavin Newsom, Executive Order N-33-20.

2 MSNBC, All In With Chris Hayes(2020. 4. 14).

3 Board of Supervisors of the City and County of San Francisco, *Municipal Record*(1918. 10. 10), Volume 11, p. 329.

4 *Municipal Record*(1918. 11. 7), p. 356.

5 *Oakland Tribune*(1918. 10. 23).

6 *San Francisco Chronicle*(1918. 11. 22).

7 *Oakland Tribune*(1918. 11. 6), p. 9.

8 *San Francisco Chronicle*(1918. 11. 22)

9 *Municipal Record*(1918. 11. 28).

10 *Los Angeles Times*(1919. 2. 1), p. 11에서 인용.

11 *San Francisco Chronicle*(1918. 12. 17), p. 1.

12 *Sacramento Bee*(1919. 1. 18), p. 4.

13 *San Francisco Chronicle*(1919. 1. 12).

14 *San Francisco Chronicle*(1919. 1. 17), p. 16.

15 *San Francisco Examiner*(1919. 1. 20), p. 1.

16 *San Francisco Chronicle*(1919. 1. 21).

17 *Stockton Daily Evening Standard*(1919. 1. 21).

18 *San Francisco Call*(1911. 3. 22), p. 18.

19 Robert W. Cherny, Mary Ann Irwin & Ann Marie Wilson(eds.), *California Women and Politics: From the Gold Rush to the Great Depression*, Lincoln: University of Nebraska Press, 2011.

20 *San Francisco Chronicle*(1911. 9. 9), p. 4.

21 Walter Galenson, *The United Brotherhood of Carpenters*, Harvard University Press, 1983, p. 143.

22 개선 클럽에 대해서는 *San Francisco Examiner*(1912. 2. 21); 태프트 선거 캠페인에 대해서는 *San Francisco Call*(1912. 4. 6); 탈의실 유세에 관해서는 *San Francisco Call*(1912. 4. 10).

23 *Municipal Register*(1912. 1. 11), p. 14.

24 예를 들어 *San Francisco Examiner*(1919. 10. 21), p. 15 참조.

25 *San Francisco Examiner*(1918. 9. 22), p. 17.

26 *Municipal Record*, vol. 11, p. 298.

27 Wilfred Kellogg, "Influenza: A Study of Measures Adopted for the Control of the Epidemic," *California State Board of Health Special Bulletin*, Number 31, Sacramento: California State Printing Office, 1919.

28 *Sacramento Bee*(1919. 1. 20), p. 1.

29 *San Francisco Chronicle*(1919. 1. 28), p. 1.

30 *Municipal Record*(1919. 1. 28), p. 329.

31 *San Francisco Examiner*(1917. 7. 8), p. 11.

32 *Sacramento Bee*(1919. 3. 21).

33 *San Francisco Examiner*(1916. 2. 5), p. 3; 또한 *Examiner*(1916. 5. 25), p. 7 참조.

34 *San Francisco Examiner*(1919. 1. 28), p. 13.

35 *Oakland Tribune*(1919. 1. 28), p. 6.

36 *Sacramento Bee*(1919. 1. 23), p. 1.

37 *Los Angeles Times*(1919. 1. 29).

38 *The Recorder*(1919. 2. 11), p. 6.

39 Martin Bootsma & Neil Ferguson, "The Effect of Public Health Measures on the 1918 Influenza Pandemic in U.S. Cities," *Proceedings of the National Academy of Sciences*, vol. 104, no. 18, 2007, pp. 7588~93.

40 Howard Markel et al., *A Historical Assessment of Nonpharmaceutical Disease Containment Strategies Employed by Selected U.S. Communities During the Second Wave of the 1918~1920 Influenza Pandemic*, Department of Defense, 2006, p. 119에서 인용.

41 Jeremy Howard et al., "Face Masks Against COVID-19: An Evidence Review," *Medicine and Pharmacology*, Preprint(2020. 4. 12).

9장

1 김기림, "스케-트 철학"(『조선일보』, 1935. 2. 14), 『바다와 육체』, 평범사, 1948.

2 「보기거북한 "마스크" 黨들」, 『조선중앙일보』(1935. 12. 27), 3면.

3 현재환, 「위험한 공기를 상상하다: 20세기 초 의과학의 지구적 순환과 방역용 마스크의 탄생」, 『동양과 서양의 문화 교류』, 부산대학교출판문화원, 2022, pp. 53~82.

4 「사람이 불가불 일신상」, 『帝國新聞』(1900. 10. 18), 1면; 「호흡론 전호련속」, 『帝國新聞』(1900. 10. 19), 1면.

5 구한말 개화과 지식인들의 치도론에 관해서는 박윤재, 「19세기 말-20세기 초 병인론의 전환과 도시위생」, 『도시연구』, 18(2017), pp. 7~30 참고.

6 「흑사병예방법(전호련속)」, 『帝國新聞』(1900. 3. 28), 1면.

7 中央衛生協會朝鮮本部, 『最新通俗衛生大鑑』, 京城: 中央衛生協會朝鮮本部, 1912.

8 警務總監部衛生課, 『醫方綱要』, 京城: 朝鮮總督府, 1917.

9 이상현·황호덕 엮음, 『한국어의 근대와 이중어사전』 1~11권(영인편), 박문사, 2012; 한림과학원, 『한국근대 신어사전』, 선인, 2010.

10 김택중, 「1918년 독감과 조선총독부 방역정책」, 『인문논총』 74(2017), pp. 179~84.

11 「鐘路管內만 二萬六千, 긔막히게 만흔 독감의 환쟈수」, 『每日申報』(1918. 10. 31), 3면.

12 「流行感冒預防心得」, 『臺灣日日新報』(1918. 11. 4), 5면: 巫毓荃, 「管與不管之間: 1918至1920年臺灣殖民政府的流感防治對策」(2021)에서 재인용.

13 「流行性感冒豫防ノ件」, 『朝鮮總督府官報』(1919. 11. 25), pp. 302~303.

14 「流行感冒預防心得」, 『朝鮮總督府官報』(1919. 12. 27), p. 426.

15 Akira Hayami, *The Influenza Pandemic in Japan, 1918~1920: The First World War Between Humankind and a Virus*, Kyoto: International Research Center for Japanese Studies, 2015.

16 「全朝鮮을 席捲한 毒感은 世界的 大流行인가, 지독한 감기는 팔도에 편만」,
　　『每日申報』(1918. 10. 22), 3면.

17 原親雄·牛島友記, 「流行性感冒の歷史, 症候及豫防」, 『朝鮮彙報』(1919. 1), p. 98.

18 原親雄, 「流行性感冒の再襲豫防法に就て」, 『警務彙報』(1920. 3), p. 17.

19 이들은 모두 『매일신보每日申報』에 실린 기사들이다.

20 「惡感豫防法發布?」, 『每日申報』(1919. 12. 23), 3면.

21 「虱に注意しマスクを掛けよ發疹チブス, 最善の豫防法」, 『朝鮮新聞』(1926.
　　1. 31), 2면; 「發疹チブスの流行期, マスクに賴りなさい, 周防衛生課長談」,
　　『朝鮮新聞』(1926. 2. 23), 2면.

22 「小學生を片端から侵しはやり風大暴れマスクの掛方に御注意うがひ藥も用
　　意され度い」, 『朝鮮新聞』(1952. 2. 10), 3면.

23 「價格等統制令第7條ノ規定ニ依リ衛生マスクノ販賣價格左ノ通指定ス:
　　朝鮮總督府告示第1346號,” 『朝鮮總督府官報』(1940. 12. 3), p. 6. 당시 생필품 통제
　　법제의 설립에 관한 개설로는 허영란, 「전시체제기(1937~1945) 생활필수품
　　통제 연구」, 『국사관논총』 88(2000), pp. 289~330 참고.

24 25명의 조선인 의사가 본인의 이름을 기재하고 마스크 착용에 관한
　　의견들을 제시했다. 정자영(여의), 김기영(한성의원), 김현경(삼광의원),
　　허영숙(여의), 지성주(의사), 이형호(부호당의원), 명대혁(경성제대병원),
　　이선근(경성제대소아과/경성부민병원), 심호섭(세브란스의전),
　　고영순(고내과의원), 유홍종(홍제의원), 이호형(의사), 정기섭(세브란스의전),
　　김교정(중앙의원), 김동익(경성제대내과), 구영숙(구소아과의원),
　　허신(산부인과의원), 임명재(경성의전), 유석창(사회영중앙진료원/민중의원),
　　김중여(중앙진료내과), 권영우(의사), 조헌영(한의사), 김성진(경성제대외과),
　　박병래(성모병원), 조동수(세브란스의전 소아과). 괄호 안은 기사 내에서
　　언급된 직업, 성별, 소속기관에 관한 정보다.

25 1930년 1월 초에 『동아일보』에 시리즈로 게재한 "엄한긔의 소아위생"에서는
　　"외풍쏘는 것을 주의하라"며 감기 및 각종 호흡기 전염병 예방과 관련해,
　　"엄한긔의 소아병"에서는 디프테리아, 성홍열, 유행성 뇌척수막염과 관련해,
　　1930년 12월에는 유행성 인플루엔자 및 디프테리아와 관련하여 위와
　　같은 지침들을 소아위생의 핵심으로 제시했다. 이 같은 조언은 1934년
　　유행성 뇌척수막염에 대한 조언까지 반복해서 동일하게 이루어졌다.

「엄한긔의소아병(七) 듸프테리와그종류」,『東亞日報』(1930. 1. 13), 4면;
「엄한긔의소아병(十) 성홍열[猩紅熱]양독 」,『東亞日報』(1930. 1. 16),
5면;「엄한긔의소아병(十一) 류행성노척수막염[流行性腦脊髓膜炎]」,
『東亞日報』(1930. 1. 18), 5면;「가뎡부인: 엄한긔와소아위생(中)
외풍쏘는것을주의하라」,『東亞日報』(1930. 1. 4), 5면;「어린아이 류행성
감긔는 이러케 예방하고간호할 것」,『東亞日報』(1930. 12. 21), 5면;「제일 급히
서둘러야할 디푸테리(목병)가류행한다(二)」,『東亞日報』(1930. 12. 24), 5면;
「集會場所에 아이데리고 가지말라」,『東亞日報』(1934. 4. 5), 2면.

26 「街頭의 스납 마스크한 風景」,『每日申報』(1934. 2. 6), 6면.

27 「가정: 마스크 쓰는 것은 좋은가 그른가」,『東亞日報』(1933. 12. 14), 6면.

28 「마스크는 어떤 것이 조혼가?」,『東亞日報』(1933. 2. 3), 4면;「マスクの科學,
常識の上からばかりでなく醫學的に效能を知りませう」,『京城日報』(1934. 12. 12),
3면.

29 「늦추이가맨든 금년감기는 무섭다 예방과 치료에관한(二) 몃가지주의」,
『朝鮮日報』(1934. 1. 17), 5면.

30 「マスクの注意」,『朝鮮新聞』(1935. 12. 5), 3면.

31 김기림, "스케-트 철학"(『조선일보』, 1935. 2. 14),『바다와 육체』, 평범사,
1948.

32 「京城の動脈を打診する(4), マスクは活躍する, その嚴然たる存在を觀る」,
『朝鮮新聞』(1933. 3. 11), 3면.

33 Eun-Sung Kim & Ji-Bum Chung, "Korean Mothers' Morality in the Wake of
COVID-19 Contact-Tracing Surveillance," *Social Science & Medicine 270*(2021):
113673.

10장

1 감염병 예방을 위한 마스크의 역사는 이 책의 5, 6, 9장 참고.

2 예를 들어 Uri Friedman, "Face Masks Are In," *The Atlantic*(2020. 4. 2)를
보라. 이 글에서 프리드먼은 서구 사회가 마스크 착용에 대해 가지는
"낙인찍기stigmatization" 효과에 주목하면서, 아시아 사회에는 이러한 문화가
존재하지 않는다고 지적한다.

3 "황사 경보 노약자·호흡기 환자 외출 때 조심,"『경향신문』(1993. 4. 4), p. 11.

4 황승식,「황사의 건강 영향에 대한 역학 연구」, 서울대학교 박사학위논문, 2007.

5 "「['봄 불청객' 황사를 막아라] 유통가 황사 상품전 풍성,"『서울경제』(2007. 3. 14).

6 "오늘도, 내일도 미세먼지에… 공기청정기 사계절 필수가전으로 등극,"『아시아경제』(2016. 5. 13).

7 "'품절사례까지' 황사마스크 판매 2800% 늘었다는데…,"『머니투데이』(2014. 2. 27).

8 서울시교육청,「학교현장을 미세먼지 안전구역으로 만들자」, 보도자료(2017. 4. 10).

9 식품의약품안전처,「이의경 식약처장, 보건용 마스크 생산 현장 긴급 점검」, 보도자료(2020. 1. 29).

10 식품의약품안전처·대한의사협회,「마스크 사용 권고사항 마련」, 보도자료(2020. 2. 12).

11 식품의약품안전처·질병관리본부,「마스크 사용 권고사항 개정」, 보도자료(2020. 3. 3).

12 식품의약품안전처,「코로나19 "마스크는 입과 코 완전히 가려야 효과"」, 보도자료(2020. 7. 16).

13 식품의약품안전처·관세청,「마스크 수입 빨라진다, '신속 통관지원팀' 운용」, 보도자료(2020. 3. 11).

14 식품의약품안전처,「마스크 수급현황 종합 발표」, 범부처 보도자료(2020. 3. 23).

15 식품의약품안전처,「3월 9일 마스크 공적판매 수급상황 발표」, 보도자료(2020. 3. 9).

16 Maria Shun Ying Sin, "Masking Fears: SARS and the Politics of Public Health in China," *Critical Public Health* 26(1), 2016, pp. 88~98; Mitsutoshi Horii, "Why Do the Japanese Wear Masks?: A Short Historical Review," *Electronic Journal of Contemporary Japanese Studies* 14(2), 2014.

11장

1 이 책의 2장과 10장 참고.

2 이러한 주장은 브뤼노 라투르Bruno Latour, 존 로John Law 등의 행위자-
네트워크 이론actor-network theory 연구자들이 설파해온 것으로,
김은성, 『감각과 사물』, 갈무리, 2022, pp. 26~46에 다양한 갈래의 신유물론
논의들과 함께 잘 정리되어 있다.

3 김민건·정홍준, "'하루 500장씩 팔려요'… 우한 폐렴에 약국 마스크 '불티',"
『데일리팜』(2020. 1. 25); 신미진, "편의점서 마스크 동났다… '우한 폐렴'에
유통가 비상," 『매일경제』(2020. 1. 28).

4 『황사·신종플루, 나를 보호해줄 마스크는?』, 식품의약품안전청
식품의약품안전평가원, 2010.

5 전치형·김성은·김희원·강미량, 『호흡공동체: 미세먼지, 코로나19, 폭염에
응답하는 과학과 정치』, 창비, 2021, p. 42.

6 이현주, "코로나바이러스 감염 예방에 'KF94', 'KF99' 마스크 써야,"
『히트뉴스』(2020. 1. 29).

7 질병관리본부, 「신종코로나바이러스감염증 국내 발생 현황」, 질병관리본부
정례브리핑(2020. 2. 5).

8 이혜나, "서울대병원 교수가 밝히는, 코로나19 '마스크' 오해와 진실,"
『헬스조선』(2020. 2. 12); 이상화, "'면 마스크'도 예방 효과 있다는데… 주의할
점은?," 〈JTBC 뉴스〉(2020. 2. 8).

9 식품의약품안전처·질병관리본부, 「마스크 사용 권고사항 개정」,
보도자료(2020. 3. 3).

10 조민영, "코로나 재유행 지난주 마스크 생산량 2억장 돌파," 『국민일보』(2020.
8. 25).

11 Lena H. Sun & Josh Dawsey, "New Face Mask Guidance Comes after Battle
between White House and CDC," *The Washington Post*(2020. 4. 3).

12 Ang Hwee Min, "Singapore to Distribute 'Better' Reusable Face Masks to
Households," *CNA*(2020. 5. 6).

13 Jacqueline Howard, "Should You Wear a Mask? US Health Officials Re-
examine Guidance Amid Coronavirus Crisis," *CNN*(2020. 3. 31).

14 World Health Organization, "Coronavirus Disease(COVID-19) Advice for the

Public: When and How to Use Masks," Last updated December 2021.
https://www.who.int/emergencies/diseases/novel-coronavirus-2019/advice-for-public/when-and-how-to-use-masks

15 이동훈, "KF 마스크 수요 다시 급증… 공급 상황은," 『연합뉴스』(2020. 8. 22); 송연주, "코로나 재확산에 차단력 좋은 'KF마스크' 45% 늘었다," 『뉴시스』(2020. 9. 1).

16 질병관리본부·대한의사협회, 「올바른 마스크 착용법」, 질병관리청 홍보자료(2018. 1. 17).

17 질병관리본부, 「코로나19 올바른 마스크 착용법」, 질병관리청 국립보건연구원 알림자료(2020. 2. 27).

18 식품의약품안전처, 「'턱스크' 안 돼요… 올바른 마스크 착용법은?」, 정책브리핑(2020. 8. 25).

19 이해나, "마스크, 줄 꼬아서 쓰면 바이러스 차단율 1.5배 증가," 『헬스조선』(2020. 12. 14).

20 곽준영, "재차 강조해도… 하나마나한 '턱스크·코스크'," 『연합뉴스』(2020. 9. 8); 정은빈, "입·코 가리세요, 턱스크는 위험합니다," 『대구신문』(2020. 9. 6).

21 이혜원, "'마스크 썼는데 왜 코로나 걸리지?' 특수카메라로 찍어봤다," 『동아일보』(2022. 4. 14).

22 쓰레기로서의 마스크의 삶에 관해서는 3장 참고.

23 Andreas Chatzidakis et al., *The Care Manifesto: The Politics of Interdependence*, Verso, 2020; 백영경, 「돌봄, 코로나19가 끌어낸 새로운 상상」, 『아름다운 서재』 17호, 인사회, 2021.

에필로그:
포스트 코로나 시대의 마스크

홍성욱

내게 코로나19 팬데믹은 처음부터 마스크와 붙어 다녔다.

팬데믹 초기인 2020년 2월, 집에 미세먼지 마스크가 하나
두 없다는 걸 알았다. 이를 구매하려 했지만 모든 온라인 쇼핑
몰에서 마스크는 이미 품절이었다. 구매 후기가 여기저기 올라
오고 있었지만, 나 같은 사람이 성공할 확률은 애초에 없었다.
누군가 아마존에서 샀다고 해서 들어가봤는데, 거기도 이미 품
절이었다. 미세먼지 방지용 마스크를 쓰는 게 건강에 도움이
안 된다고 믿었기에, 서울이 미세먼지로 뿌열 때도 마스크 하
나 사 두지 않았던 것이 화근이었다.

당시 밖에 나가면 마스크를 쓴 사람들이 대다수여서, 마스
크 없이 집 밖에 나가는 게 총 없이 전장에 내몰리는 것처럼 무
서웠다. 서울에 확진자가 증가해서 다들 KF94 마스크를 할 때

도 마스크가 없었다. 마스크 하나를 한 달 동안 사용하면서, 이게 과연 방역에 도움이 될지, 아니면 감염원이 될지 궁금했다. 학생과 면담을 하다 마스크가 없다고 하니, 그가 여분이 몇 개 있다고 하면서 KF94 마스크를 하나 줬다. 이 귀한 선물을 집에 갖고 와서 아내에게 주었다. 그 직후 공적 마스크 5부제가 시행되었고, 한 시간을 기다려서 3천 원을 내고 마스크 두 개를 구매했다. 마스크 두 개를 손에 들고 로또에 당첨된 사람처럼 집에 왔다. "아빠가 마스크를 구했다!"

시간이 지나면서 공적 마스크를 구매하는 게 조금 더 쉬워졌고, 가족이 총동원되어서 마스크 보유 수량을 늘려나갔다. 생산이 늘어나면서 한 개에 3천 원을 주고 10개를 구매한 적도 있다. 대중교통을 이용할 때는 두 개를 겹쳐서 쓰기도 했다. 마스크를 벗을 때는 끈을 잡고 조심스럽게 벗고, 햇볕에 말려서 다음 날 다시 사용했다. 이렇게 한참 동안 마스크는 내게 바이러스를 막는 보호막이자, 백신이었다. 아니, 그 무엇보다 마스크는 내게 거리를 확보하고 모임에 참석하는 권능을 부여하는 마법의 지팡이 같은 존재였다.

포스트 코로나 시기의 마스크에 대해서 생각하는 지금, 이 모든 일이 수십 년도 더 지난 과거 같다. 결핍의 공백을 메우다가 생긴 과잉행동의 여파인지, 지금 우리 집에는 네 통의 마스크 박스가 있다. KF94 한 통, KF80 한 통, 그리고 디자인이 다른 덴탈 마스크 두 통. 100장짜리 한 통에 12,000~20,000원에 구매하니, 한 장에 120~200원 하는 셈이다. 무엇보다 여기저기 공짜 마스크도 많다. 행사장에서도, 식당에서도, 열차에서도 공짜 마스크를 얻을 수 있다. 마스크 하나로 며칠을 쓰는 대신에 하루에 두세 개의 마스크를 쓰는 날도 많아졌다.

동시에 마스크를 사용하는 습관도 달라졌다. 끈을 잡고 조심스럽게 마스크를 벗는 번거로운 수칙은 안 지킨 지 오래되었다. 식당 같은 실내에서 마스크를 벗을 때에는 손으로 네 겹 접어서 주머니에 넣었다가 나올 때 이를 다시 펴서 사용한다. 마스크를 열심히 쓰는 사람도 코로나에 걸리고, 안 써도 안 걸리는 걸 자주 봐서일까, 마스크가 나를 지켜준다는 느낌도 사라졌다. 마스크 착용 의무화를 해제하겠다는 공약이 표를 얻을 정도로 사람들은 마스크에 지쳐 있다.

포스트 코로나 시대의 세상과 삶은 어떤 모습일까? 우선 코로나19 팬데믹은 머지않아 종식을 고할 것이다. WHO의 수장이 이를 선언하기 전에 각국 정부나 지방자치단체들이 거리두기 종식이나 해외여행 자유화 등 팬데믹 종식에 해당하는 여러 조치를 실행할 가능성이 크다. 이 조치에는 대중교통이나 공공장소에서 마스크 의무화 해제 같은 마스크 관련 조치가 들어갈 것이다. 마스크에 대한 거부감이 컸던 서구에서 사람들은 빠르게 마스크를 벗어 던지고, 아시아 국가들도 그 뒤를 따를 것이다. '마스크화된 삶'이 팬데믹을 의미했다면, '마스크 없는 삶'이 팬데믹의 종식과 포스트 코로나 시대를 상징할 것이다.

그렇지만 팬데믹의 종식이 바이러스의 종식을 의미하지는 않는다. 코로나바이러스는 종종 다시 등장해서 감염자들을 만들어내는 엔데믹endemic으로 우리와 함께 살아갈 것이다. 팬데믹의 종식은 실로 엔데믹으로의 전환이다. 바이러스가 다시 등장하면 사람들은 다시 마스크를 쓰고 코와 입을 가릴 것이다. 아니, 독감이 도는 겨울이 되면 마스크의 사용이 팬데믹 수준으로 보편화, 일상화될 수도 있다. '마스크화된 삶'은 팬데믹 종식 이후에도 어느 정도 지속되고, 간헐적으로 다시 소환된다는 얘기다.

포스트 코로나 세상에서 '마스크 공동체'가 존속될 수 있을까? 일본, 타이완, 미국, 벨기에에서는 재봉 기술을 이용해서 마스크를 만들어 공동체에 제공하거나 판매하는 활동이 활발했다. 반면에 한국에서는 면 마스크에 대한 불신이 컸고, 마스크 대란이 빨리 수습되면서 대량생산된 KF80, KF94 마스크가 대세를 이루었다. 그렇지만 마스크를 쓰는 사람들은 나만이 아니라 다른 사람들을 위해서 마스크를 쓴다는 이타적인 심성을 조금이라도 공유하고 있었다. 타인을 위해서 마스크를 만들어주는 마스크 공동체는 이미 거의 사라졌지만, 이 공동체가 가진 '환대'의 가치는 존속하도록 하는 것이 유의미할 것이다.

연관된 문제로 포스트 코로나 시기에 주목해야 하는 것은, 사용된 마스크 폐기물에 대한 것이다. 지난 2년 동안 세계적으로 매달 1천억 개가 넘는 마스크가 버려졌고, 이렇게 어마어마한 물량의 폐기된 마스크가 썩지 않는 플라스틱으로 쓰레기 매립지에 매립되거나 바다로 흘러 들어갔다. 이미 매립된 마스크는 인류세 시대의 다른 쓰레기처럼 토양 일부로 고착되겠지만, 지금부터라도 플라스틱 마스크 재처리 방법이나 친환경적인 마스크 개발에 대한 수요가 증가할 것임은 분명하다. 비말을 잘 막는 마스크가 아니라, 인간-자연의 관계를 상생적이고 지속 가능한 방식으로 유지하게 해주는 마스크가 좋은 마스크이기 때문이다.

마스크 공동체나 마스크 쓰레기 문제가 중요한 것은 코로나19가 아닌 다른 바이러스가 다시 인류를 엄습할 수 있기 때문이다. 사스, 메르스, 코로나바이러스처럼 박쥐로부터 유래하는 새로운 바이러스가 인간을 감염시키는 사례가 늘고 있고, 그 주기도 짧아지고 있다. 이 근본 원인은 폭증하는 인류기 살곳과 농장을 더 만들기 위해 박쥐의 서식지인 숲을 잠식하는 데 있으며, 따라서 쉽게 해결될 문제도 아니다. 이런 경향이 역전되지 않는다면, 앞으로 10년 내로 미증유의 바이러스가 다시 세상을 팬데믹으로 몰고 갈 수 있다. 우리의 선호와 관계없이, 그렇게 되면 마스크가 다시 등장해서 새로운 팬데믹 시민권의 핵심을 만들어낼지도 모른다. 마스크라는 물질의 물질성은 그때 또 다양한 방식으로 우리와 관계를 맺게 될 것이다.

필자 및 옮긴이 소개(가나다순)

필자

금현아

카이스트에서 화학을 공부하고, 카이스트 과학기술정책대학원에서 「허용하되 보이지 않게 하기: 코로나19가 만든 한국의 플라스틱 폐기물 물질 정치」로 석사학위를 받았다. 현재 같은 대학원 박사과정에 재학 중이다. 인간중심적이고 편의중심적인 생산 시스템으로 인해 생겨난 다양한 폐기물을 관리하는 과정에서 어떤 사회경제적 불평등이 생겨나며 비인간 존재의 삶에는 어떤 영향이 있는지 등을 느린 재난의 관점에서 공부하고 있다.

김희원

카이스트에서 생명과학을 공부하고 서울대학교 과학사 및 과학철학 협동과정에서 석사학위를 받았다. 현재 카이스트 과학기술정책대학원 박사과정에 재학 중이다. 『과학잡지 에피』와 『기획회의』에 마스크와 얼굴의 사회문화적 의미에 관한 글을 썼고, 지은 책으로 『호흡공동체』(공저)가, 옮긴 책으로 『누가 자연을 설계하는가』(공역)가 있다.

마리온 마리아 루이징어 Marion Maria Ruisinger

독일 에를랑겐-뉘른베르크 프리드리히-알렉산더 대학교에서 의학 및 의학사로 박사학위를 받았다. 현재 잉골슈타트 독일 의학사 박물관의 관장으로 재직 중이다. 수술의 역사, 환자의 역사, 19세기 그리스의 공중보건, 의학사 중심 박물관학과 관련된 연구와 전시 활동을 수행하고 있다.

미즈시마 노조미 水島希

일본 교토 대학교 이하부 동물학교실(동물행동학)에서 행동생태학과
진화생물학으로 박사학위를 받았으며, 이후 도쿄 대학교 정보학환
학제정보학부에서 페미니즘과 진화생물학 등을 중심으로 과학기술과 사회에
관한 연구를 추진했다. 현재 히로시마에이케이 대학교에 재직하면서 시민에
의한 방사능 측정 운동, 생식의료기술과 여성을 중심으로 과학기술과 사회의
상호작용을 연구하고 있다.

브라이언 돌런 Brian Dolan

영국 케임브리지 대학교에서 과학사로 박사학위를 받고 웰컴트러스트 재단
박사후연구원을 거쳐 현재 캘리포니아 대학교 샌프란시스코 캠퍼스(UCSF)의
인류학, 역사, 사회의학학과에 재직 중이다. 최근에는 20세기 의료 실천의 역사와
메디케어, 신경외과, 비뇨기과의 역사 등을 연구하고 있다.

셔로나 펄 Sharrona Pearl

미국 드렉셀 대학교의 부교수로 생명윤리, 역사, 과학기술학 분야를 연구하고
있다. 역사학자이자 안면 이론가로서, 시각상실부터 초인식까지 안면 인식의
스펙트럼에 대해 연구했다. 또한 건강 인문학, 젠더, 인종, 장애에 대한 비판적
연구, 빅토리아시기 영국의 의학과 과학의 역사, 미디어와 종교 등을 아우르는
활발한 저술활동을 해왔다. 지은 책으로『페이스/온: 안면 이식과 타자의
윤리학*Face/On: Face Transplants and the Ethics of the Other*』등이 있다.

세라 베스 키오 Sara Beth Keough

미국 테네시 대학교에서 지리학으로 박사학위를 받았다. 현재 미시간의
새기노밸리 주립대학교에 재직 중이다. 서아프리카와 캐나다의 물, 인간-환경
상호작용, 자원의존 공동체의 도시계획, 미디어/커뮤니케이션과 관련해 연구하고
있다. 2008년부터 국제 저널『물질문화*Material Culture*』의 편집인으로 활동하고
있으며, 지은 책으로『물, 생명, 이익: 니제르공화국 니아메의 유체 경제와
문화*Water, Life, and Profit: Fluid Economies and Cultures of Niamey, Niger*』(공저)가
있다.

스미다 도모히사 住田朋久

일본 국제기독교대학교 교양학부를 졸업하고 도쿄 대학교 대학원 총합문화연구과에서 공부했다. 현재 과학기술진흥기구 연구개발전략센터 펠로이자 게이오 대학교 사회학연구과 방문연구원이다. 국제일본문화연구센터의 "입과 코: 인체와 외계의 접합 영역의 일본문화사" 프로젝트에 참여하면서 마스크의 역사에 관해 연구하고 있다.

스콧 놀스 Scott Gabriel Knowles

미국 텍사스 대학교에서 역사학으로 석사학위를 받았고, 존스홉킨스 대학교의 과학, 의학, 기술학과에서 박사학위를 받았다. 미국 드렉셀 대학교 교수를 거쳐 현재 카이스트 과학기술정책대학원 교수로 재직 중이다. 재난 역사가로 활발히 활동하는 그의 연구 관심사는 재난의 조건을 형성하는 역사적 과정과 미래의 재난을 방지하기 위한 역사학의 적용 방안에 있다. 지은 책으로 『재난 전문가 *The Disaster Experts: Mastering Risk in Modern America*』『후쿠시마의 유산 *Legacies of Fukushima: 3.11 in Context*』(공저) 등이 있다.

야마사키 아사코 山崎明子

일본 치바 대학교 사회문화과학연구과에서 공부했으며 현재 나라여자대학교 연구원 생활환경과학계에 재직 중이다. 수예문화를 중심으로 일본 근대와 젠더, 시각문화, 미술교육, 여성교육의 역사를 연구하고 있다.

장멍 张蒙

중국 베이징 대학교에서 역사 전공으로 박사학위를 받았으며 현재 베이징 대학교 과학기술의학사계의 조교수로 재직 중이다. 중국과 동아시아의 식민지 과학의 역사에 관해 연구하고 있다. 현재 진행 중인 연구 프로젝트들로는 일본의 (반)식민지 영향 가운데 중의학의 전환과 "민국 시기 마스크 착용의 부상: 식민주의, 전염병, 거버넌스의 문제들(1912~49)"이 있다.

장하원

서울대학교 생물자원공학부를 졸업하고 같은 학교 대학원에서 과학기술학 전공으로 박사학위를 받았다. 현재 부산대학교 한국민족문화연구소에서 전임연구원으로 근무하고 있다. 공저로『겸손한 목격자들: 새·경락·자폐증·성형의 현장에 연루되다』『코로나19 데카메론 2』 등이 있으며, 공역서로『판도라의 희망: 과학기술학의 참모습에 관한 에세이』『의학사의 새 물결: 한눈에 보는 서양 의료 연구사』 등이 있다.

최형섭

서울대학교 재료공학부를 졸업하고 존스홉킨스 대학교 과학기술사학과에서 박사학위를 받았다. 현재 서울과학기술대학교 교양대학에 재직하고 있다. 지은 책으로『그것의 존재를 알아차리는 순간』『한국 테크노컬처 연대기』(공저) 등이 있고, 옮긴 책으로『아메리칸 프로메테우스』『처형당한 엔지니어의 유령』 등이 있다.

트리디베시 데이 Tridibesh Dey

영국 엑세터 대학교에서 인도의 플라스틱 폐기물 완화 네트워크와 관리 기반시설에 관한 민족지 연구로 박사학위를 받았으며, 현재 덴마크 오르후스 대학교에서 박사후연구원으로 재직 중이다. 다학제적인 관점에서 플라스틱 폐기물의 문제를 연구해왔으며, 특히 남아시아의 저개발국이나 소외된 현장들로부터 플라스틱의 서발턴한 일상을 전면에 드러내기 위한 이론적 작업을 지속하고 있다.

현재환

한양대학교에서 역사와 철학, 과학기술학을 공부하고 서울대학교 과학사 및 과학철학 협동과정에서 석·박사학위를 받았다. 미국 UCLA 사회와 유전학 연구소 방문연구생, 도쿄 이과대학교 공학부 일한문화교류기금 박사후연구원, 독일 막스플랑크 과학사연구소 박사후연구원을 거쳐 현재 부산대학교 교양교육원 교수로 재직 중이다. 지금은 마스크와 관련해 만주·대만·조선 일본인 공동체의 마스크 문화에 대한 국제 공동 연구를 수행하고 있다. 지은 책으로『언던 사이언스』 등이, 옮긴 책으로『유전의 문화사』가 있다.

홍성욱

서울대학교 물리학과를 졸업하고 같은 학교 대학원에서 과학사 전공으로

석·박사학위를 받았다. 캐나다 토론토 대학교 교수를 거쳐 현재 서울대학교
과학학과 교수로 재직 중이다. '과학기술과 사회 네트워크' 운영위원장, 북리뷰
전문잡지 『서울리뷰오브북스』의 편집장을 맡고 있다. 지금은 가습기살균제
참사와 같은 기술 재난과 1970년대 산업기술의 역사를 재해석하는 작업을 진행
중이다. 지은 책으로 『홍성욱의 STS, 과학을 경청하다』『실험실의 진화』『미래는
오지 않는다』(공저) 등이 있다.

옮긴이

김소은

연세대학교에서 영어영문학을 전공했으며, 글과 언어라는 두 관심사를 통해
번역의 길로 들어섰다. 현재 마케팅, 관광, 비즈니스 등의 분야에서 산업 번역가로
활동하고 있다.

김하정

카이스트에서 화학을 공부하고 서울대학교 과학사 및 과학철학 협동과정에서
석사학위를 받았으며, 현재 같은 학교 대학원 과학학과에서 과학정책 전공
박사과정에 재학 중이다. 한국의 지역 기반 혁신 체제 및 에너지 전환 등에 관심을
두고 연구하고 있다.

정계화

성균관대학교 유학과를 졸업하고 베를린 자유대학교에서 철학 전공으로
석·박사학위를 받았다. 옮긴 책으로 『신화를 쓰는 마라토너 요슈카 피셔』『빛의
모든 것을 알려주는 책』(공역), 『왜 원전을 폐기해야 하는가』(공역) 등이 있다.

출전

1장
코로나 시대의 마스크와 물질성
세라 베스 키오

Sara Beth Keough, "Masks and Materiality in the Era of COVID-19," *Geographical Review*, vol. 111, no. 4, 2021, pp. 558~70. http://doi.org/10.1080/00167428.2021.1897813

2장
코로나 마스크의 다면성
홍성욱

홍성욱, 「코로나 마스크의 다면성」, 『HORIZON』(2020. 7. 7). https://horizon.kias.re.kr/14772/

4장
일본의 수제 마스크와 젠더 질서의 강화
미즈시마 노조미, 야마사키 아사코

水島希・山崎明子, 「手作りマスクが再編するジェンダー秩序: 手仕事と科学の狭間で」, 『F visions: 世界が見えるフェミニスト情報誌』, 101(2020. 6), pp. 23~29.

5장
근대 초기 유럽의 흑사병과 역병 의사 마스크
마리온 마리아 루이징어

Marion Maria Ruisinger, "Die Pestarztmaske im Deutschen Medizinhistorischen Museum Ingolstadt," *NTM Zeitschrift für Geschichte der Wissenschaften, Technik und Medizin* 28, 2020, pp. 235~52. https://doi.org/10.1007/s00048-020-00255-7

6장
근대 일본의 마스크 문화
스미다 도모히사

住田朋久,「鼻口のみを覆うもの: マスクの歴史と人類学にむけて」,『現代思想』48(7), 2020, pp. 191~99; 住田朋久,「『ペスト』に見るマスク着用の始まり: 1899~1900年、大阪・肺ペストクラスターと医師の遺言」,『週刊医学界新聞』第3415号(2021. 4. 5).

7장
1911년 만주 페스트와 중국에서의 마스크의 역사
장멍

張蒙,「"伍氏口罩"的由来」,『近代史研究』2, 2021, pp. 148~59.

8장
1918년 인플루엔자 범유행과 반-마스크 시위
브라이언 돌런

Brian Dolan, "Unmasking History: Who Was behind the Anti-Mask League Protests during the 1918 Influenza Epidemic in San Francisco?," *Perspectives in Medical Humanities*(2020. 5. 19). https://escholarship.org/uc/item/5q91q53r

9장
식민지 조선에서의 마스크
현재환

현재환,「일제강점기 위생 마스크의 등장과 정착」,『의사학』31, 2022, pp. 181~220.

10장
황사 마스크에서 코로나 마스크까지
김희원, 최형섭

Heewon Kim & Hyungsub Choi, "From Hwangsa to COVID-19: The Rise of Mass Masking in South Korea," *East Asian Science, Technology and Society* 16(1), 2022. https://doi.org/10.1080/18752160.2021.2015124

11장
코로나19 시대 한국의 마스크 생태계
장하원

장하원·임성빈, 「코로나19 시대의 마스크들: 보건용 마스크와 마스크 생태계」, 『비교한국학』 30(1), 2022, pp. 43~69.